Dr. Barbara Hendel | Peter Ferreira

D1943488

Wasser & Salz

Urquell des Lebens

Über die heilenden Kräfte der Natur

ina verlag

Inhalt

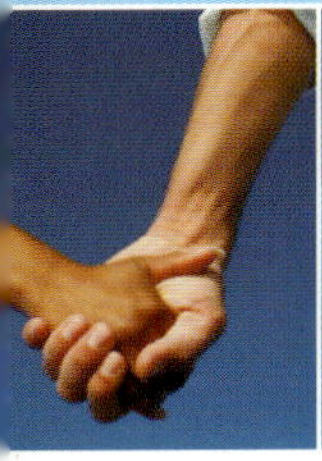     

⇛

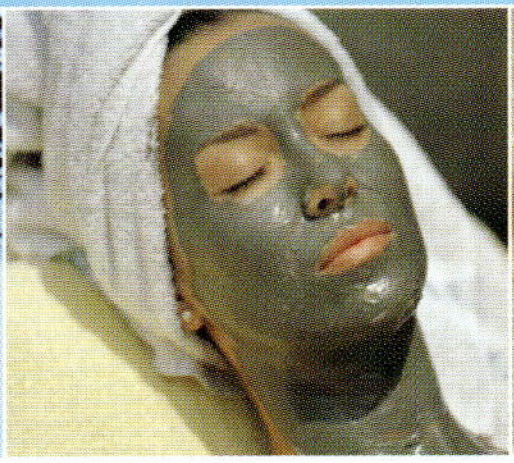
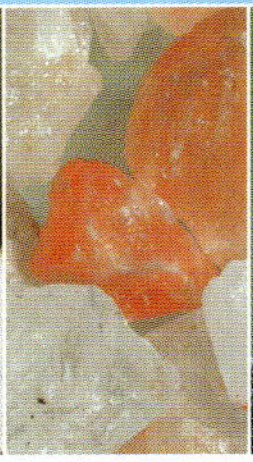

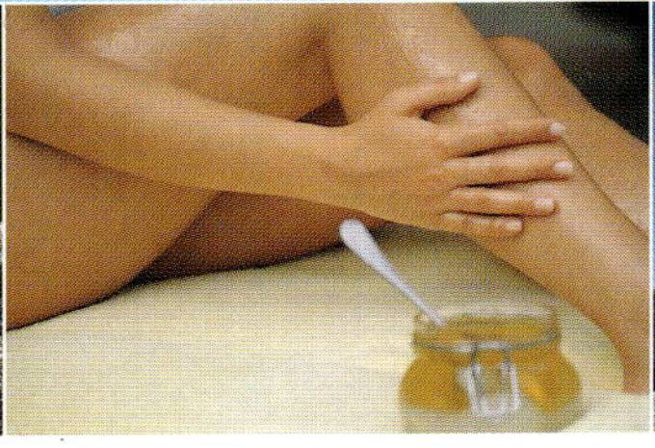

Danksagung

All jenen Wissenschaftlern und Medizinern, Forschern und Idealisten sei an dieser Stelle tiefer Dank ausgesprochen, die durch ihren Idealismus und ihrer inneren Berufung entsprechend bereit waren und sind, gegen den Widerstand der allgemein dogmatischen Lehrmeinung neue Wege zu beschreiten. Namentlich seien die Menschen alphabetisch erwähnt, deren Erkenntnissen es zu verdanken ist, dass das vorliegende Buch mit seinem Informationsgehalt in dieser Form entstehen konnte: Dr. Faridum Batmanghelidj, Dr. Enza Cicollo, Gudrun Dalla Via, Dr. Masuru Emoto, Dr. Patrick Flanagan, Prof. Roland Höck, Dr. Wilhelm Höfer, Dr. Marianne Huber, Dr. Elisabeth Josenhans, Prof. Manfred Kage, Dr. Noemi Kempe, Bodo Köhler, Ruth Kübler, Dr. Jacques De Langres, Prof. John Lilly, Dr. Wolfgang Ludwig, Prof. Fritz-Albert Popp, Heidemaria Schornsteiner, Rudolf Steiner, Heinz Steinmeyer und Dr. Barbara Werner. Besonderer Dank sei an dieser Stelle für ihr aufgeschlossenes Denken und verständnisvolles Handeln an die Beiersdorf AG, vertreten durch Elke Voss, Gudrun Heyer und Dr. Skippe, gerichtet, an die Südsalz AG, vertreten durch Elisabeth Hiltermann, Jeanette Bremböck, Dr. Peter Knieb und Hans Neumayer, sowie an die GeoGlobe – Development & Marketing Corporation, vertreten durch Augustin Schöpf und Horst Thöni. Auch richtet sich der Dank an die vielen Ärzte und Therapeuten, die im Dienste der Menschheit wieder neue Wege gehen, sowie an all jene Journalisten, die den Mut und die Weitsicht haben, Informationen in dieser Form der breiten Öffentlichkeit zu vermitteln.

„Kunst und Wissenschaft, Forschung und Lehre sind frei."

(Artikel 5,3 – Grundgesetz der Bundesrepublik Deutschland)

Warum ist dieses Buch über Wasser und Salz entstanden? Mit ständig wachsendem Interesse haben in den letzten zwei Jahren mittlerweile unzählige Menschen an den Informationsvorträgen über die wissenschaftlich ganzheitlichen Zusammenhänge und Erkenntnisse der natürlichen Elemente Wasser und Salz teilgenommen. Durch die gewonnenen Erkenntnisse haben viele nicht nur aus gesundheitlicher Sicht wundervolle Erfahrungen an sich selbst erleben können, sondern für die meisten hat sich ihr Leben im positiven Sinne von Grund auf verändert. Die natürliche Einfachheit der Thematik war für viele so einleuchtend, und dennoch blieben viele Fragen offen. Zu neu schien dieses alte Wissen um die Naturgesetze, zu lange war es im Dunkeln verborgen. Die noch zu stellenden Fragen schienen bereits durch ihre natürliche Logik von selbst beantwortet, und dennoch suchten viele nach Bestätigung. Für all diejenigen soll dieses Buch ein sinnvoller und praktischer Wegbegleiter sein. Für alle weiteren Interessierten soll diese Lektüre nicht nur fachliches Wissen vermitteln, sondern ein Impulsgeber für ein neues, gesundes und unabhängiges Leben sein.

Das Ziel der Autoren besteht darin, die lebensvermittelnden Fähigkeiten von Wasser und Salz anschaulich und verständlich darzustellen. Die Natur ist weniger kompliziert, als wir glauben – ganz im Gegenteil – mit ordnender Einfachheit zeigt sie uns ihre kosmische Gesetzmäßigkeit. Es liegt nur an uns, die Zusammenhänge wieder zu erkennen und zu verstehen. Denn erst im Erkennen der Zusammenhänge entsteht der innere Impuls zur Veränderung.

Das Wissen über die für uns Menschen so wertvollen Erkenntnisse soll nicht nur einem kleinen wissenschaftlichen Kreis vorbehalten sein. Aus dem ständig wachsenden Interesse an der Thematik der Elemente Wasser und Salz ist diese Lektüre in ganzheitlich verständlicher Weise für den interessierten Laien geschrieben. Das Ziel des Buches ist erreicht, wenn es dem Einzelnen den Impuls zur Veränderung ermöglicht. Dem Interessierten die Möglichkeit zu bieten, sich wieder aus eigener Kraft der subjektiven Sensibilität der Natur zu nähern. Den Sinn des Lebens nicht nur zu erkennen, sondern ihn zu erleben. Denn das ganze Leben ist ein ewig fortschreitender Entwicklungs- und Bewusstwerdungsprozess.

Viele Leser werden sich möglicherweise gezwungen sehen, ihr bisheriges Wissen neu zu überdenken, da die beschriebenen Erkenntnisse viele der derzeitig allgemein gültigen Lehren in Frage stellen. Wir regen Sie hiermit an, auch unsere beschriebenen Erkenntnisse aus dem Blickwinkel der notwendigen Kritik zu betrachten. Echtes Wissen ist Erkenntnis aus eigener Erfahrung. Hören Sie wieder auf Ihre innere Stimme, und machen Sie Ihre eignen praktischen Erfahrungen. Seien Sie umso kritischer, je weiter die Dinge von ihrem natürlichen Ursprung entfernt sind. Unser Bestreben besteht darin, Sie nicht nur unabhängig zu informieren, sondern Sie auch zu inspirieren und zu motivieren, die Schöpfung nicht nur im Äußeren zu erkennen, sondern sie wieder im Inneren zu erleben. „LEBEN“ kommt von „ERLEBEN“. Wer nichts ERLEBT, der hat auch nicht GELEBT. Machen Sie Ihr Leben wieder zu einem ERLEBNIS. Wir wünschen Ihnen viel Erfolg auf Ihrem neuen Weg!

Peter Ferreira und Dr. Barbara Hendel im August 2001

Das

   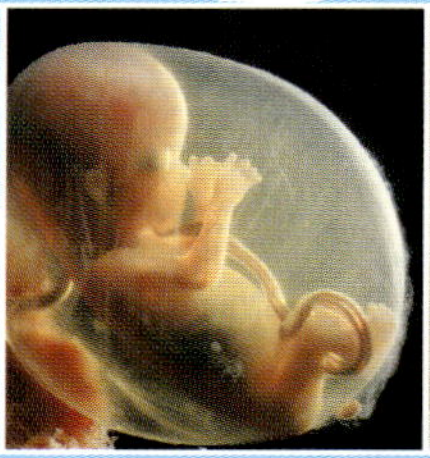 

Meer

Ursprung allen Lebens

Vor Millionen von Jahren war die Erde völlig mit Wasser – dem Salzwasser der Urmeere – bedeckt. Erst als dieses im Laufe der Zeit durch die Sonneneinstrahlung verdunstete, entstand festes Land. Heute ist unsere Erdoberfläche immer noch zu zirka 70 Prozent mit Wasser bedeckt. Deshalb wird unsere Erde auch als „Blauer Planet" bezeichnet, denn vom Weltraum aus betrachtet, besticht er durch seine einzigartige blaue Farbe. Astronauten schwärmen fasziniert von der Schönheit dieses Anblicks.

Unsere Erde, der „Blaue Planet", ist zu 70% von Meeren bedeckt

Sole als Grundlage werdenden Lebens

Aus dem Meer entwickelte sich das Leben. Das Meerwasser – eine natürliche Sole – trägt die notwendige Energie in sich, Leben entstehen zu lassen. Alle Lebensformen, die auf unserem Planeten je existierten, sind aus dem Meer entstanden. Diesen Werdegang kann man bis heute bei der Entwicklung eines Menschen im Mutterleib beobachten. In den neun Monaten vom Tag der Zeugung an bis zum Tag der Geburt durchläuft der Embryo alle Entwicklungsstufen der Evolution. Nach fünf Wochen entwickelt er Kiemen – wie ein Fisch –, die sich dann wieder zurückbilden. In dieser Zeit spielen sich 250 Millionen Jahre menschliche Evolution ab – vom Einzeller bis zu dem, was wir heute sind: Lebewesen mit menschlichem Bewusstsein. Und wo entsteht dieses neue Leben? In der Gebärmutter, im Fruchtwasser, in einer 37 Grad warmen einprozentigen Wasser-Salz-Lösung, der so genannten Sole.

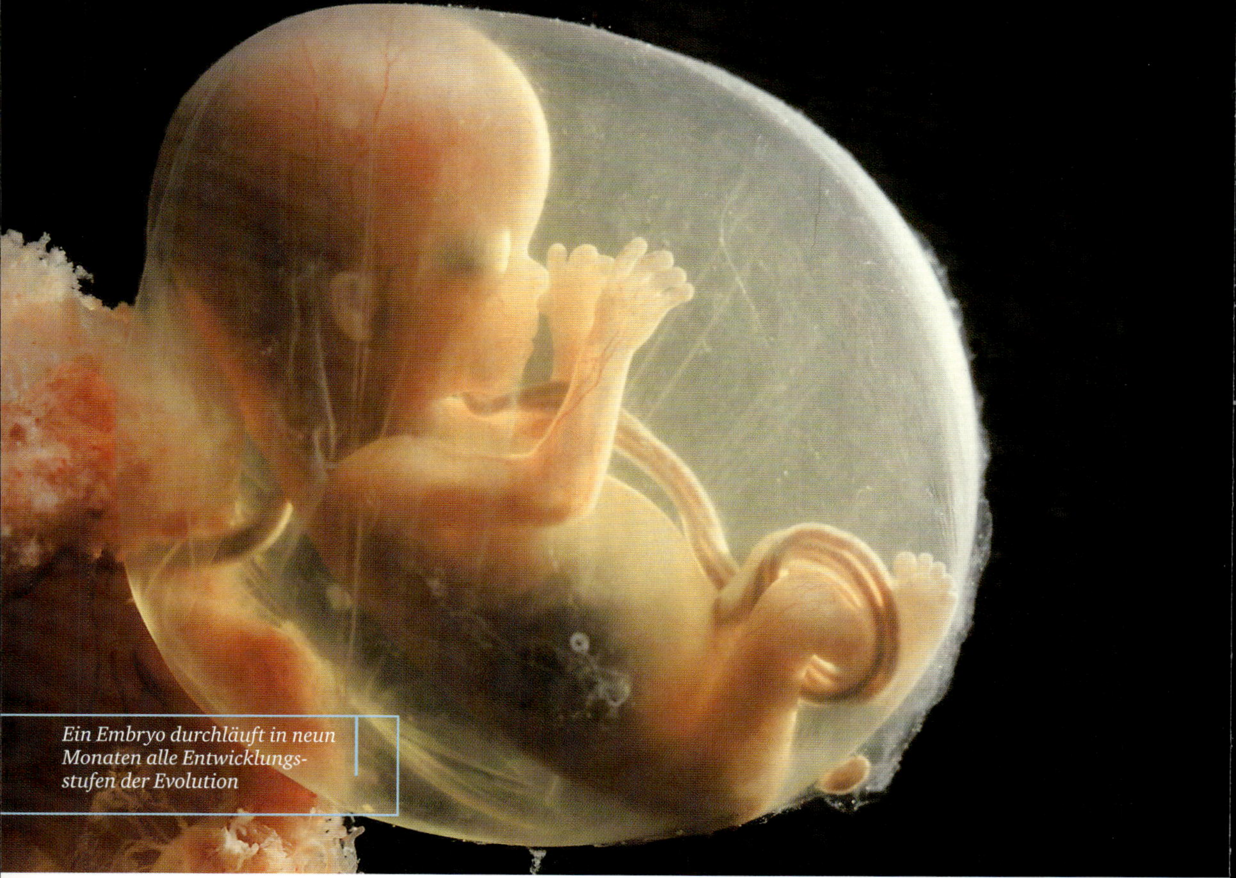

Ein Embryo durchläuft in neun Monaten alle Entwicklungsstufen der Evolution

Von den Selbstheilungskräften des Körpers

Unser Körper strebt immer danach, sein natürliches Gleichgewicht aufrechtzuerhalten

Unser Körper in seiner Ganzheitlichkeit ist eine geniale Schöpfung der Natur. Er ist mit allen Mechanismen ausgestattet, sich am Leben zu erhalten und neues Leben zu schaffen. So verfügt jeder gesunde Mensch über körpereigene Regulationsmechanismen und Selbstheilungskräfte, die das natürliche Gleichgewicht der Körperfunktionen, die so genannte Homöostase, aufrechterhalten oder bei Bedarf wiederherstellen. Es ist also nicht der Arzt, der uns heilt, und es ist auch nicht das Medikament, das er verschreibt, sondern es ist unser eigener natürlicher Regulationsmechanismus. Unser Körper ist selbst in der Lage, sich zu regenerieren. Deshalb sollte man auch nicht vorschnell von „unheilbaren" Krankheiten sprechen. Spricht ein Arzt von „unheilbarer Krankheit", so müsste er genau genommen sagen, dass er mit seiner Kenntnis, seinem Wissen und seiner Erfahrung nicht weiterhelfen kann. Aber mit dem Wort „unheilbar“ vermittelt er Angst, die uns lähmt und obendrein unsere körpereigenen Abwehrkräfte schwächt.

Mehr als nur Materie

Die chemische Sicht allein greift viel zu kurz: Wasser und Salz sind mehr als bloße Formeln

Versetzen wir unseren Körper mit Hilfe von Wasser und Salz in die Lage, sich selbst wieder zu regulieren, ist er fähig, sich zu regenerieren und jede Krankheit zu besiegen. Mit Hilfe dieser natürlichen Ur-Elemente können wir unseren Organismus wieder in seinen ursprünglichen Ordnungszustand versetzen. Die Qualität von Wasser und Salz liegt längst nicht nur in ihrer Materie begründet, bei der man von der notwendigen Reinheit des Wassers oder der Salze spricht. Darum geht es hier nicht nur um die chemischen Eigenschaften dieser beiden Elemente, sondern um ihre natürliche Ganzheitlichkeit. Eine tragende Rolle bei dieser Betrachtungsweise spielt die Wissenschaft der Biophysik. Aufgrund ihrer Erkenntnisse werden Sie Wasser und Salz neu entdecken und ihre einzigartigen und umfassenden Möglichkeiten zur Gesunderhaltung und zur Vorbeugung von vielen Beschwerden schätzen lernen. Die Biophysik kann Ihnen dabei eine Welt eröffnen, die Ihr Bewusstsein erweitern und neue Einsichten in die Ganzheitlichkeit jeglichen Lebens vermitteln wird.

Auch die moderne Wissenschaft bezeichnet Wasser nicht mehr nur als „H_2O“ und Salz als „NaCl“. Die chemischen bzw. biochemischen Eigenschaften von Wasser und Salz ergeben sich als Folge viel tiefgreifenderer biophysikalischer und energetischer Zusammenhänge. Ziel dieses Buches ist es, Ihnen die ganzheitlich wirksamen Fähigkeiten von Wasser und Salz anschaulich und verständlich zu machen. Erst im Erkennen der Zusammenhänge kann der Impuls zur Veränderung entstehen. Die damit verbundene Bewusstseinserweiterung wird Sie reich belohnen.

Die

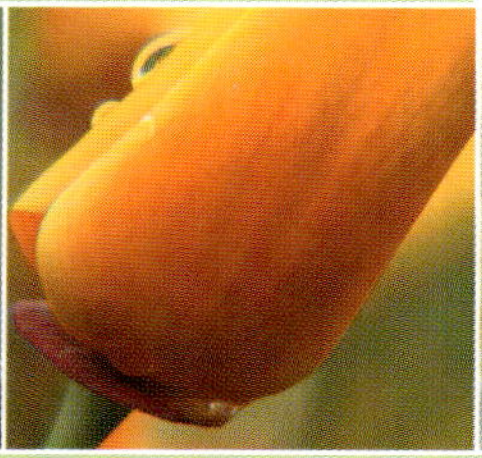

Biophysik

Die Welt der Lebendigkeit

Um das Geheimnis von Wasser und Salz zu verstehen, laden wir Sie zu einem Abstecher in die faszinierende Welt der Biophysik ein. Im Gegensatz zur Chemie und zur mechanischen Physik, bei der in erster Linie die Erscheinungs- und Zustandsformen toter Materie erforscht werden, betrachtet die Biophysik den gesamten biologischen Organismus. Die Biophysik widmet sich also dem Lebendigen (griechisch: bios = Leben), angefangen vom Reich der Mineralien und Pflanzen bis hin zu den Tieren und Menschen. Bis vor kurzem fristete diese Wissenschaft noch ein Mauerblümchendasein.

Das Ausloten von Grenzbereichen

Wenn wir nur Materie untersuchen, wie in der Physik, können wir auch nur die Materie verstehen. Darüber hinaus gibt es aber Dinge, die wir nicht nur anhand der Materie erklären können. Genau diesem Grenzbereich widmet sich die Biophysik.

Wenn wir nur nach Materie suchen, werden wir auch nur Materie finden!

Durch ihr einseitiges, mechanistisches Weltbild hat sich die klassische Naturwissenschaft weit von ihrem ursprünglichen Ziel – Wissen von der Natur zu schaffen – entfernt. Nur was wissenschaftlich als erwiesen gilt, wird anerkannt. Genaugenommen sind die meisten Forschungsbereiche, die sich als „Naturwissenschaft" bezeichnen, jedoch gar keine Naturwissenschaften. Selbst die Physik beruft sich mit ihren Erkenntnissen auf die Mechanik, die Mechanik wiederum auf das Rad und das Rad auf den Kreis. Dieser Kreis ist symbolisch gesehen

Ein Spiralnebel – selbst in den Tiefen der Galaxis findet sich also das Grundmuster der Spirale

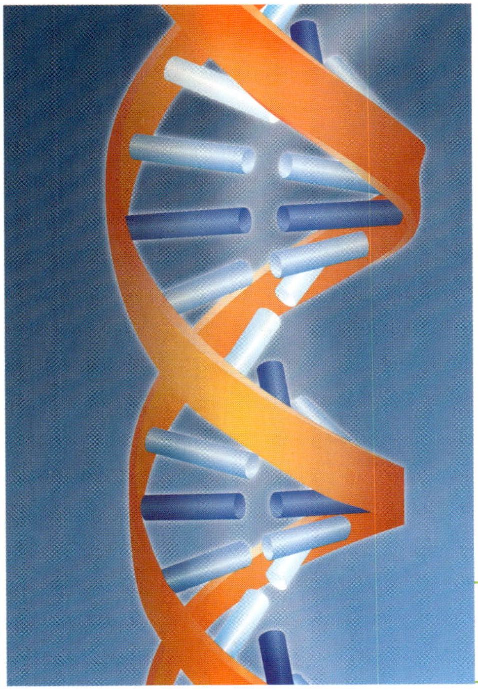

Spiralig gewunden ist auch der DNS-Strang des Erbguts

notwendig für die Wiederholbarkeit eines Experiments. Nur wenn ein und dasselbe Experiment immer wieder zum gleichen Ergebnis führt, dann nennen wir dies „wissenschaftliche Erkenntnis“, und das Resultat findet Eingang in unsere Lehrbücher. Dabei haben wir jedoch bereits vergessen, dass es in der Natur diesen Kreis nicht gibt. In der Natur finden wir nur die Spirale. Ob als Spiralnebel im Kosmos oder im Aufbau unseres Erbgutes, der DNS, überall in der Natur erkennen wir die spiralförmige Anordnung.

Die Natur kennt keine Stagnation, sondern nur die Dynamik ständiger Erneuerung

Die Spirale als Sinnbild natürlicher Ordnung

Mit der Spirale kommen wir im Verlauf eines immer gleichförmig ablaufenden Prozesses zwar auch immer wieder zum gleichen Ausgangspunkt zurück, doch liegt dieser bereits auf einer anderen Ebene. Oder denken Sie an die Jahreszeiten. Jedes Mal erleben wir wieder das Werden und Vergehen in der Natur, dem Frühling folgt der Sommer, dann der Herbst und der Winter. Obwohl sich die Jahreszeiten immer gleich wiederholen, sind die mannigfachen Ausdrucksformen jeder Jahreszeit immer

Die Jahreszeiten: jedes Jahr aufs Neue und doch nie gleich

subjektiv einzigartig. Ein bereits vergangener Tag wird sich nie genau gleich wiederholen. Natur kann man, so betrachtet, niemals in einen objektiven, empirisch belegbaren Rahmen pressen. Da ebenso jeder Mensch Teil dieses ganzheitlichen natürlichen Zusammenhangs ist, kann man auch von einem individuellen Wesen nie auf ein anderes schließen, um angeblich nachweisbare Rückschlüsse zu ziehen – selbst wenn der körperliche Bauplan vordergründig gleich erscheint. Dies ist auch der Grund, weshalb herkömmliche wissenschaftliche Untersuchungsmethoden, die für die Physik durchaus ihre Berechtigung haben, für die Biophysik nicht geeignet sind.

Was die Biophysik von der Physik unterscheidet

Die mechanische Physik beschäftigt sich mit der Untersuchung von Erscheinungs- und Zustandsformen toter Materie.
Die Biophysik dagegen betrachtet die lebende Materie der Natur, vom Mineralreich, über das Pflanzen- und Tierreich bis hin zu uns Menschen.

Biochemie versus Biophysik

Die klassische Schulmedizin orientiert sich weitgehend an der Biochemie, also an der Wissenschaft von den chemischen Vorgängen im menschlichen Körper. Das heißt, wir akzeptieren nur

das Vorhandensein dessen, was wir sehen bzw. anfassen können. Doch wer nur nach Materie sucht, kann auch nur Materie finden. So ist bekannt, dass beispielsweise Krebs über mehrere Jahre im Körper entsteht, ohne dass wir ihn mit unseren hochtechnischen diagnostischen Möglichkeiten entdecken können. Erst wenn der Krebs sich materialisiert hat und Struktur in Form von Tumorgewebe angenommen hat, lässt er sich nachweisen. Doch dann ist es bereits kurz vor zwölf. Welch ein Segen wäre es, wenn man bei einem Krebspatienten mit biophysikalischen Methoden das Energiedefizit messen würde, um so eine rechtzeitige Umkehr der Tumorbildung einzuleiten, bevor die Katastrophe ausbricht. Ansätze in dieser Richtung gibt es bereits. Zum Beispiel lassen sich mit Hilfe der Segmentardiagnostik und Organometrie sowie der Elektroakupunktur, anhand von Hautwiderstandsmessungen energetische Potenziale an den Akupunkturpunkten messen, die einen Rückschluss auf den Zustand des jeweiligen Organs erlauben.

Solange aber die etablierte Medizin nicht von ihrer biochemischen Denkweise abrückt und biophysikalische Phänomene

Mit Hilfe bioenergetischer Messungen wird in Zukunft die Früherkennung von Krebsgeschehen möglich sein

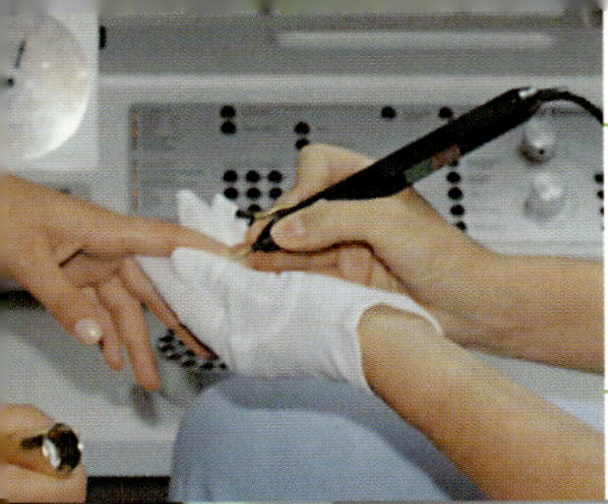

Bei der Elektroakupunktur lassen sich energetische Potenziale an den Akupunkturpunkten messen. Damit können selbst minimale Störungen an Organen früh entdeckt werden.

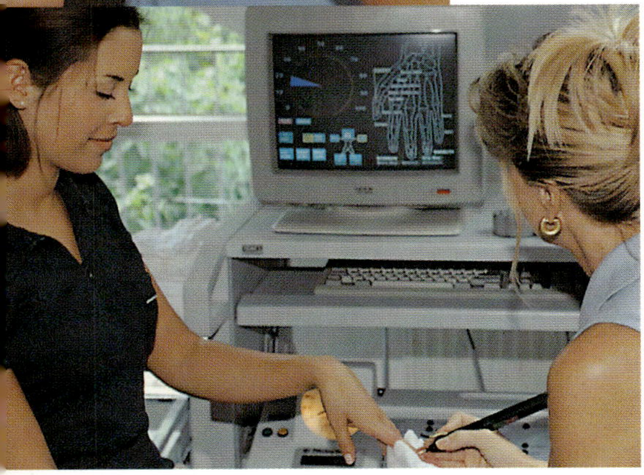

nicht akzeptiert, wird auch die dringend notwendige Forschung auf diesem Gebiet unterbleiben. Max Planck bemerkte dazu treffend: „Eine neue wissenschaftliche Erkenntnis lässt sich gewöhnlich nicht so darstellen, dass ihre Gegner überzeugt sind. Diese sterben vielmehr aus, und eine nachwachsende Generation ist von Anfang an mit der Wahrheit vertraut."

Wie die Biochemie unsere Lebensweise beeinflusst

Selbst viele gesundheitsbewusste Menschen achten bei ihrer Ernährung meist nur auf biochemische Zusammenhänge, wie die Einnahme von Vitaminen, Mineralien, Spurenelementen, Enzymen, Eiweißbausteinen und anderen Vitalstoffen. Doch haben Sie abends tatsächlich das zu sich genommen, was Ihr Körper so dringend brauchte? Und wie sollen Sie sich in Zeiten ausgelaugter Böden ernähren, in denen die Nahrungsmittel angeblich nicht mehr über die essenziellen Elemente zur Ge-

Die Elektroakupunktur nach Voll (EAV)

Die EAV ist eine schmerzlose Messmethode zur Diagnostik und Therapie von Funktionsstörungen im Körper. Sie basiert auf der klassischen chinesischen Akupunktur. Ein gesunder Organismus befindet sich in einem energetischen Gleichgewicht. Mit der Computer gestützten EAV können schon geringste Störungen aller Organe des Körpers aufgedeckt werden. Durch diesen Ganzkörper-Check ist eine Frühdiagnose vor Ausbruch der Krankheit möglich. Die EAV stellt somit eine echte Vorsorgemedizin dar. Herdgeschehen, vor allem im Zahnbereich, sowie Störfelder können mittels der EAV erkannt, Allergien ausgetestet und toxische Belastungen aufgedeckt werden.

sunderhaltung verfügen? Aus lauter Verzweiflung greift dann der eine oder andere gerne zu Nahrungsergänzungspräparaten und glaubt, so die Defizite ausgleichen zu können. Wenn unser Körper zum Beispiel Kalzium benötigt und wir dieses nicht in ausreichender Menge zu uns nehmen, müsste eine Kalziumtablette das Problem lösen. Aus biochemischer Sicht erscheint das ja auch plausibel.

Nährstoffe via Pille statt mit der Nahrung – ein schlechter Tausch

Qualität versus Quantität

Biophysikalisch betrachtet stellt sich jedoch die Frage, ob unser Körper überhaupt in der Lage ist, dieses isolierte anorganische Kalzium in Form eines Präparats aufzunehmen. Sie könnten beispielsweise 25 Kilogramm Kalziumtabletten schlucken, und dennoch würden Ihre Zellen über weniger Kalzium verfügen, als wenn Sie nur eine einzige Karotte gegessen hätten. Das Kalzium aus der Tablette wird zwar zum Teil vom Körper aufgenommen und ist auch im Blut nachweisbar, kann aber aufgrund seiner grobstofflichen, anorganischen Form nicht in die Zelle gelangen. Was aber nicht in die Zelle gelangt, kann auch nicht verstoffwechselt werden und ist somit für den Organismus wertlos. Nun werden Sie sich fragen, warum man Ihnen diesen Zusammenhang vorenthält. Die Antwort könnte darin liegen, dass man mit dem Verkauf von Karotten nicht so stattliche Umsätze erzielen kann wie mit Nahrungsergänzungsmitteln: Allein in Deutschland hat deren Umsatz mittlerweile ein Volumen von über 50 Milliarden Mark jährlich erreicht.

Der Körper kann Mineralien nur in ihrer organischen oder ional-kolloidalen Form in die Zelle aufnehmen

Die wichtigen biophysikalischen Zusammenhänge finden bei Ernährungsfragen noch kaum Beachtung. In der Biophysik geht es eben nicht um die Quantität, sondern ausschließlich um die Qualität. Durch die sich immer weiter ausbreitende materiell-chemische Denkweise hat sich die Menschheit von den natürlich-lebendigen Zusammenhängen isoliert, so wie man versucht, Vitamine aus Früchten zu isolieren. Da überrascht es nicht, dass

Frisches Gemüse in seiner ursprünglichen Form steckt voller Lebenskraft

uns mittlerweile jedes Verständnis für die einfachen natürlichen Zusammenhänge fehlt.

Und hier kommen wir auch wieder auf die Thematik Wasser und Salz. Beide sind nicht nur essenzielle Elemente zur Erhaltung unseres Daseins im chemischen Sinne. Bei Wasser und Salz geht es in erster Linie um Qualität, nicht um Quantität. Qualität in Bezug auf ihre Lebendigkeit – sprich, ihre Fähigkeiten. Nicht umsonst nennen wir Wasser unser Lebensmittel Nummer 1. Und wie Sie sehen werden, sollten wir dem Salz in seiner ursprünglich-natürlichen Form den gleichen hohen Stellenwert beimessen.

Wie aus Energie Materie entsteht

Eine Milliarde Energieeinheiten sind notwendig, um eine Einheit Materie zu bilden

1984 erhielt der Schweizer Atomphysiker Dr. Carlos Rubbia den Nobelpreis für die Entdeckung einer mathematisch berechenbaren Naturkonstante, mit der er das Verhältnis von Masseteilchen (Materie) zu den steuernden Energieteilchen berechnen konnte. Dieses Verhältnis von Materie zu der sie formenden Energie beträgt 1 : 9,746 x 10 hoch 8. Dies entspricht etwa 1 : 1.000.000.000. So sind dementsprechend 1 Milliarde mal mehr Energieeinheiten daran beteiligt, eine einzige Einheit an Materie, sprich Masse, zu bilden, so dass diese für uns in ihrer materialisierten Form sichtbar wird und wir sie in die Hand nehmen können.

Ist es nicht interessant, dass wir Menschen uns immer nur mit dem ein milliardsten Teil der Wirklichkeit beschäftigen, nämlich der Materie bzw. dem, was greifbar und sichtbar ist. Dabei machen wir uns meist keine Gedanken darüber, welche weitaus höheren Energieanteile letztlich zu ihrer Materialisierung beigetragen haben. Diese revolutionäre wissenschaftliche Entdeckung zeigt uns ganz deutlich, dass jede Form von Materie ihren übergeordneten energetischen Wechselwirkungskräften unterliegt.

Biochemische und biophysikalische Betrachtung der Materie

Ein Beispiel soll die Zusammenhänge zwischen Biophysik und Biochemie veranschaulichen. Analysieren wir den lebendigen und den gerade verstorbenen toten Körper eines Menschen, so finden wir chemisch betrachtet keine Unterschiede in der chemischen Analytik seiner Materie. Jeder Biochemiker wird uns bestätigen, dass die Knochen und Organe die gleichen sind, ja selbst der Zellbereich und die Moleküle sind unverändert, wenn die Untersuchung zeitnah erfolgt. Das Gewicht ist das gleiche, sogar die Temperatur kann noch in etwa gleich sein. Und doch lebt der eine Körper, und der andere ist tot; er zerfällt wieder in seine Bestandteile, wird zu Erde und Staub. Ein und dieselbe Materie!

Der Unterschied zwischen Biochemie und Biophysik wird am Beispiel eines gerade verstorbenen Körpers deutlich

Welche Macht und Kraft, ja welche Energie muss dafür sorgen, dass jegliche Materie so geformt und strukturiert zusammengehalten wird, dass sie diesen lebendigen Körper bildet, wie wir ihn kennen? Um genau diese Lebendigkeit geht es in der Biophysik.

Was Biochemie und Biophysik voneinander unterscheidet

Die Biochemie untersucht diejenigen chemischen Vorgänge in Lebewesen, die materiell nachweisbar sind.
Die Biophysik betrachtet dagegen die Fähigkeiten, energetischen Zusammenhänge und Wechselwirkungen von lebender Materie.

Lebendigkeit und Energie

Energie – gleichzusetzen mit Lebendigkeit – kann nicht vernichtet werden, sondern nimmt nur andere Zustandsformen an

Die Physik definiert das, was wir als lebendig bezeichnen, als Energie. Energie kann immer wieder andere Formen annehmen, doch kann sie nicht vergehen und nicht vernichtet werden. Daraus folgt, dass das Leben, physikalisch betrachtet, nicht vernichtet werden kann. In der Physik kennt man also nur veränderte Zustandsformen, unterscheidet aber nicht zwischen tot und lebendig. Jeder von uns als leblos wahrgenommener Gegenstand wie etwa ein Tisch, ein Glas oder ein Stein sowie jede andere Form von Materie ist genau betrachtet eine schwingende Energieform. Doch wie genau können wir uns nun diese Lebendigkeit vorstellen, die in der Physik Energie genannt wird?

Schwingungsenergie als Ursprung allen Seins

Wenn wir eine beliebige Materie auf ihren Energiegehalt hin untersuchen, kommen wir unweigerlich zu ihren kleinsten Bausteinen, den Atomen. Jedes Atom hat einen Atomkern im Inneren, der von seinen Elektronen umkreist wird. Hier findet ständige Bewegung ohne Berührung statt, doch nichts Greifbares mehr: reine Schwingungsenergie. Durch sie entsteht eine Frequenz, eine so genannte Wellenlänge. Somit wird jede Form von Materie durch ihr ganz spezifisches Frequenzspektrum charakterisiert. Diese Wellenlängen, diesen Energiefluss oder diesen Strom kennen und nutzen wir im Alltag beispielsweise in Form der Elektrizität. Von ihr sehen wir aber nur, was sie bewirkt, zum Beispiel, wenn wir das Licht oder ein elektrisches Gerät einschalten.

Jede Materie, jeder Stein, jede Pflanze, jedes Tier und jeder Mensch bestehen aus reiner Schwingungsenergie

Doch den Strom selbst, die Elektrizität, können wir sinnlich nicht wahrnehmen. Wir können die Elektrizität nicht sehen, nicht riechen, nicht schmecken und nicht berühren, doch trotzdem akzeptieren wir ihr Vorhandensein. Genau diese materiell nicht wahrnehmbare Elektrizität, diese Energie,

Blitze sind besonders eindrucksvolle Beispiele für die Kraft elektrischer Energie

fließt auch durch unseren Körper. Jeder Einzelne von uns hat so viel messbaren elektrischen Strom, der durch seinen Organismus fließt, dass er eine 100-Watt-Glühbirne zum Leuchten bringen könnte. Woher stammt diese Energie, sprich Lebendigkeit? Wo ist der Ursprung allen Seins zu finden?

Energie und Information

Leben ist gleichbedeutend mit Energie. Energie wiederum ist, wie wir gleich sehen werden, im physikalischen Sinne gleichbedeutend mit dem Begriff „Information". Jede materielle Erscheinungsform ist so betrachtet nicht nur Energie-, sondern auch Informationsträger: wir Menschen in unserer Ganzheit ebenso wie ein beliebiges Lebensmittel in seiner natürlichen Ganzheit. Das Leben besteht aus einem ständigen Austausch an Energie und Informationen. Das Mittel, sprich die Materie, tritt dabei zurück hinter der Information, die in ihr steckt.

Informationen als Grundlage jeder Ordnung

Materie gehorcht nicht dem Prinzip des Zufalls, sondern einem festen energetischen Bauplan

Wie können wir uns das vorstellen? Jede Form von Energie stellt eine Schwingungsform dar, eine Wellenlänge, messbar als elektromagnetisches Frequenzmuster. Jede Wellenlänge hat aber wiederum ihren individuellen Informationsgehalt. In der kosmischen Ordnung existiert kein Zufallsprinzip, keine Willkürlichkeit. Jede Form von Energie strebt hier danach, sich nach einem genau festgelegten energetischen Bauplan zu manifestieren. Schon in dem Begriff „Information" ist dieses Bestreben von Energie verankert. Das Wort bedeutet „in" seine der Ordnung entsprechende „Form" (aus dem lateinischen forma= Gestalt) zu kommen. Somit ist jede materielle Erscheinungsform – jedes Mineral, jede Pflanze, jedes Tier und auch jeder Mensch – in ihrem physischen Sinne die Zusammensetzung aller daran beteiligten Informationen, sprich Wellenlängen, sprich Energien, sprich Lebendigkeit, welche dem Impuls einer höheren Ordnung folgen.

Den Ursprung der Lebendigkeit enträtseln

Die klassische Naturwissenschaft, die maßgeblich diesen Ursprüngen auf den Grund gehen kann, ist die Mathematik. An ihrem Namen lässt sich bereits die Dreieinigkeit von Körper, Seele und Geist erkennen, die auch den Beginn jeglicher materiellen Formentstehung bildet:

MA	steht für Materie
THE	steht für theos (griechisch: „das Göttliche")
MATI	steht für das Verbindungsglied zwischen Materie und Spiritualität oder Göttlichkeit, sprich dem Geist

Der für die Biophysik wichtigste Teilbereich dieser Mathematik ist die Geometrie. Dass nichts im Kosmos (griechisch: „Ordnung") zufällig besteht, steckt schon in ihrem Namen:

GEO	stellt die Erde dar und
METRIE	entspricht dem Maß

Dem göttlichen Erdmaß wohnt so eine ordnende Perfektion inne.

Die unterschiedlichen Zustandsformen von Wasser: fest, flüssig, gasförmig

Die unterschiedlichen Zustandsformen von Materie

Am Beispiel des Wassers mit seinen drei Aggregatzuständen fest, flüssig und gasförmig zeigt sich, wie durch Energiezufuhr Materie verändert wird. Eis ist nichts anderes als Wasser in gefrorenem Zustand. Wir können es sehen und seine Kälte fühlen. Wenn wir dem Eisblock Energie in Form von Wärme zuführen, verflüssigt sich das Eis zu Wasser. Auch diesen Vorgang können wir noch wahrnehmen. Führen wir dem Wasser weitere Energie zu, bis es kocht, fangen die Moleküle an, sich so schnell zu bewegen, dass sie den gasförmigen Zustand (Dampf) erreichen. Diesen können wir jedoch, außer in der zu Wolken kondensierten Form, nicht mehr sehen. Zeigen wir in einem Raum wahllos in die Luft und behaupten, hier sei Wasser, werden diejenigen, die nicht von Anfang an an unserem Experiment teilgenommen haben, ungläubig darauf hinweisen, dass sie hier kein Wasser erkennen können. Und doch ist es da, in seiner feinstofflichsten und notwendigsten Form, so wie wir es mit jedem Atemzug einatmen.

Was unsere Sinne nicht registrieren, halten wir meist für nicht vorhanden

Die geometrische Ordnung bestimmt den Energiegehalt

Die Materie entsteht also durch die Verlangsamung von Energie, wobei die jeweiligen Energieformen, beim Wasser fest, flüssig

Dem Bergkristall liegt eine perfekte geometrische Struktur zugrunde

oder gasförmig, sich entsprechend ihrem Ordnungsprinzip und Informationsgehalt in eine bestimmte materielle Form wandeln. Die frühesten Formen materialisierter Energie, das heißt feste molekulare Materie, finden sich auf der Erde im Reich der Mineralien. Jeder Bergkristall weist seinem Ordnungsprinzip entsprechend die gleiche perfekte Geometrie auf, jeder besitzt die gleiche hexagonale Struktur und stellt somit einen der fünf bekannten platonischen Körper dar, aus denen jede Form von Materie entstanden ist. Doch wie ist es möglich, dass die Natur, die sich angeblich nur zufällig gestaltet, über Jahrmillionen kristallinen Wachstums einem Bergkristall immer die perfekt gleiche Geometrie gibt?

Von der Lebendigkeit der Materie

Welche ordnende Kraft steckt als Energieform hinter dieser geometrischen Perfektion? Untersucht man einen Bergkristall, kann man auch bei ihm feststellen, dass er über messbare Elektrizität verfügt. In der Physik nennen wir diesen Strom Piezoelektrizität. Nun wissen wir, dass Elektrizität gleichbedeutend mit Energie ist und dass diese Lebendigkeit bedeutet. Dies macht auch Sinn, denn schließlich wachsen Kristalle und benötigen für diesen Wachstumsprozess Energie, sprich Leben. Insofern spricht man auch von der Lebendigkeit von Kristallen. In diesem Sinne ist auch jeder Kristall ein Informationsträger.

Wo Energie fließt, ist auch Leben. Das gilt sogar im scheinbar so starren Reich der Kristalle

So ist beispielsweise der Mikrochip, das Grundelement eines Computers, ein Quarzkristall. Seine Informationen kann er aber nur aufgrund seiner ureigenen geometrischen Struktur speichern und übermitteln. Zerstören wir die Struktur des Kristalls, so ist er chemisch betrachtet immer noch das gleiche Silikat, sein Informationsgehalt ist jedoch verloren gegangen. Es ist also nicht die Materie, in diesem Falle das Silikat, welches für das Vorhandensein des Energiegehalts verantwortlich ist, sondern seine Geometrie.

Von der Bedeutung des Wortes „Kristall“

Das Wort „Krist-All“ bedeutet „All-Bewusstsein“

Haben Sie schon einmal darüber nachgedacht, wie der „Kristall“ zu seinem Namen gekommen ist?

Ein Teil des Wortes leitet sich von dem Wort „Kristos“ bzw. „Christos“ oder „Christus“ ab, das aus dem Griechischen stammt und „der Gesalbte“ bedeutet.

Das Wort Kristos ist aber schon viel älter, ja sogar älter als das Christentum selbst und bezeichnet in seiner ursprünglichen Bedeutung nichts anderes als das, was wir heute „Bewusstsein” nennen.

Nicht umsonst wurde aus dem Menschensohn Jesus durch das erweiterte Bewusstsein der „gesalbte“, der „eingeweihte“ Gottessohn Kristos, der „Jesus Christos“.

Wer gesalbt war, der war in die metaphysischen Gesetzmäßigkeiten des Kosmos eingeweiht. Sinn des Lebens ist es, unser Bewusstsein zu erweitern, wieder All-Bewusstsein zu erlangen, den Krist-All.

Die fünf platonischen Körper

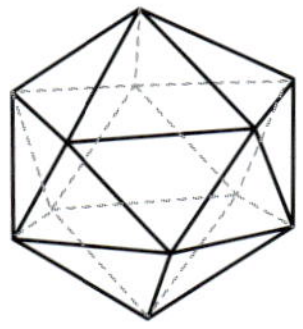

Ikosaeder

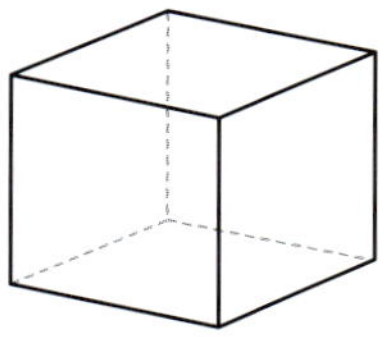

Würfel

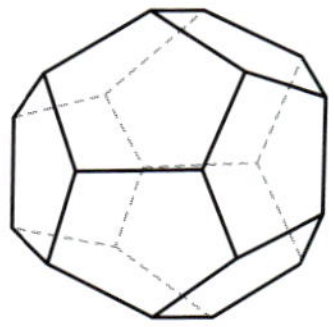

Dodekaeder

Das Geheimnis der Pyramiden

Das Wissen um die der Materie innewohnenden Kräfte – also Energie, Lebendigkeit, Information – reicht bis in die Zeit der ersten Hochkulturen zurück. Nehmen wir als Beispiel die Ägypter. Ist es nicht interessant, dass wir alle unsere bis zum heutigen Tage gültigen wissenschaftlichen Erkenntnisse der Mathematik, Geometrie, Physik, Astronomie wie auch Astrologie in den Pyramiden wiederfinden können? Und dass wir uns mit unserem materialistisch geprägten Verstand immer noch nicht erklären können, wie es dieser Hochkultur möglich war, mit ihren damaligen Mitteln und Möglichkeiten solch perfekte Bauwerke zu realisieren?

Bloße Grabmale oder doch viel mehr? Sicher ist: Pyramiden sind auch Energiezentren

Doch warum haben die alten Ägypter oder auch andere Hochkulturen sich so viel Arbeit mit dem Bau ihrer Pyramiden gemacht? Waren sie wirklich nur Grabmäler, wie die gängige Lehrmeinung immer noch behauptet? Oder könnte es nicht sein, dass sie als Initiationszentren dienten, um die in ihrer Geometrie vorkommenden elektromagnetischen Frequenzmuster das Bewusstsein der sich darin aufhaltenden Personen zu erweitern?

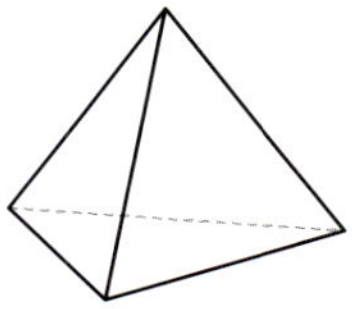

Tetraeder

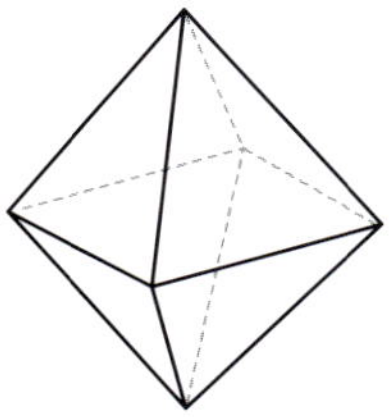

Oktaeder

Nutzten die Ägypter die geometrische Struktur der Pyramide als Energiezentrum?

Die Kraft der Geometrie

Schon am Modell zeigt sich, welche energetische Macht in der Geometrie der Pyramide steckt

Ein Beispiel soll diese Theorie verdeutlichen. Wenn wir aus acht Kupferstäben eine kleine offene Pyramide bilden und diese der geometrischen Gesetzmäßigkeit der Cheops-Pyramide nachbauen – dabei müssen die Kantenlängen und Winkel entsprechend maßstabsgetreu übernommen werden sowie die Ausrichtung dem Nord-Süd Gefälle entsprechen –, können wir einige interessante Entdeckungen machen. Teilt man ein Stück Fleisch in zwei Teile und legt einen Teil unter die Pyramide und das andere außerhalb daneben, so wird das Fleisch unter der Pyramide anfangen zu vertrocknen, während das Fleisch außerhalb der Pyramide anfangen wird zu verfaulen.

Oder: Legen wir eine stumpfe Rasierklinge unter die Pyramide, dann werden wir nach etwa 60 Stunden feststellen, dass diese wieder scharf geworden ist. Wie ist das möglich? Hier ist keine Magie am Werk, sondern allein die Ausrichtung elektromagnetischer Felder, die durch die Geometrie der Pyramide bedingt sind. Ein Chemiker würde die Wirkung in der Materie der verwendeten Materialien suchen. Doch wenn wir die verwendeten Kupferstäbe zerlegen, können wir die eben beschriebene Wirkung nicht mehr feststellen, obwohl es noch immer die gleichen Kupferstäbe sind.

Energie und Information

- Energie und Information sind identisch
- Jede Form von Energie stellt eine Wellenlänge dar
- Jede Wellenlänge hat ihren individuellen Informationsgehalt
- In der kosmischen Ordnung existiert kein Zufallsprinzip
- Jede Energieform strebt gemäß ihrer Information danach, sich nach einem Ordnungsprinzip zu manifestieren
- Jede materielle Erscheinungsform ist die Zusammensetzung aller daran beteiligten Informationen, die dem Impuls einer höheren Ordnung folgen
- Es ist also nicht die Materie selbst, die für das Vorhandensein ihres Energiegehalts verantwortlich ist, sondern ihre Geometrie
- Bestimmte geometrische Strukturen, wie die der Kristalle oder der Pyramiden, besitzen anhand ihrer speziellen Frequenzmuster ordnende Kräfte

Gesundheit und Krankheit aus Sicht der Biophysik

Biophysikalisch wird Krankheit als Defizit an Energie definiert. Kehren wir noch einmal zu den Kristallen zurück, denn diese sind von überragender Bedeutung für das richtige Verständnis von Wasser und Salz. Wie entstehen Kristalle überhaupt? Die schönsten Kristalle finden sich meist im Gebirge. Durch geotektonische Verschiebungen entsteht Druck, der wiederum zur Entstehung von Kristallen führt. Nehmen wir gewöhnlichen Kohlenstoff und üben genügend Druck auf diesen aus, so entsteht ein geometrisch perfekter Diamant, der den ihm entsprechenden Energie- bzw. Informationsgehalt aufweist.

Erst durch Druck können perfekte geometrische Strukturen in der Natur entstehen

Auch unser Körper verfügt in gesundem Zustand über eine perfekte geometrische kristalline Struktur. Wenn dieser Ordnungszustand in unserem Organismus nicht mehr vorhanden ist, fehlt uns Information, sprich Energie. Dann wird sozusagen Druck auf uns ausgeübt, und Druck macht sich meist in Form von Leid bzw. Krankheit bemerkbar. Wenn wir mit Krankheit konfrontiert sind, werden wir mehr oder weniger gezwungen, etwas zu verändern. Unser Organismus signalisiert uns damit, dass uns etwas fehlt.

Fehlende Energie verursacht Krankheit

Uns fehlt tatsächlich etwas, uns fehlt Energie. Am einfachsten wäre es folgerichtig, festzustellen, welche Energieform uns fehlt, diese durch den entsprechenden Informationsgehalt wieder auszugleichen, um somit wieder den ursprünglichen Ordnungszustand herbeizuführen.

Was bedeutet diese Erkenntnis für unseren Körper? Wir sind dann gesund, wenn wir über genügend Strom, sprich Energie bzw. Information bzw. Lebendigkeit, verfügen. Betrachten wir unseren Körper wie eine aufladbare Batterie. Soll unser Körper optimal funktionieren, müssen wir dafür sorgen, dass unser Akku immer gut aufgeladen ist. Ist dies nicht der Fall, dann hat unser natürlicher Regulationsmechanismus nicht genügend Energie, um sich selbst zu regenerieren. Die Homöostase, unser natürlicher Regulationsmechanismus, kann nicht einsetzen. Krankheit kann man somit als ein Defizit an Energie, ein Defizit an Lebendigkeit bezeichnen.

Krank sein heißt: Unser körperliches Gleichgewicht ist aus dem Lot, es fehlt an Energie

Mittlerweile sind rund 40.000 verschiedene Krankheiten bekannt, die von 1.200 verschiedenen schulmedizinischen Fachrichtungen behandelt werden und für die rund 58.000 verschiedene allopathische Präparate oder Medikamente zur Behandlung zur Verfügung stehen. Das Wort „Krankheiten" im Plural ist jedoch schon falsch. Schließlich kennen wir ja auch keine Gesundheiten. Entweder sind wir gesund oder wir sind krank. Dieses Kranksein signalisiert das Fehlen an Energie und zeigt sich in Form eines Symptoms. Ein Symptom jedoch als Krankheit zu bezeichnen ist fachlich falsch. Denn das Symptom stellt lediglich den intelligenten Hilferuf des kranken, an einem Energiedefizit leidenden Organismus dar. Der Körper sucht sich in der Regel ein geschwächtes Organ, um uns durch ein Symptom einen Hinweis zu geben, dass etwas nicht in seiner ursprünglichen Ordnung ist.

Symptome zu unterdrücken heilt nicht

Ein Defizit an Energie verursacht einen chaotischen Zustand im Körper. Aus Ordnung wird Chaos. Wenn wir nun versuchen, Symptome zu unterdrücken, haben wir die Ursache unseres

Nicht die Symptome, sondern die Ursache der Krankheit muss beseitigt werden

kranken Körpers, nämlich unser Defizit an Energie, nicht erkannt und erst recht nicht beseitigt. Diese Form der Behandlung verfehlt nicht nur ihr Ziel, sondern kann sogar der Auslöser für noch schlimmere Symptome bzw. eine schwerere Krankheit sein.

Stellen Sie sich vor, dass die Ölstandanzeige Ihres Autos während der Fahrt aufleuchtet. Eine geniale Erfindung der Fahrzeugtechnik, um uns frühzeitig auf ein Problem aufmerksam zu machen und vor womöglich irreparablen Folgeschäden zu schützen. Nach schulmedizinischer Vorgehensweise der reinen Symptombehandlung würden Sie jetzt einfach einen Kaugummi auf die Leuchtanzeige kleben, da Sie das rote Licht stört, und getrost weiterfahren. Nun, wie weit werden Sie wohl kommen? Möglicherweise einen, vielleicht sogar 20 Kilometer weit. Spätestens dann jedoch bleibt Ihr Auto stehen, nicht weil Ihr rotes Warnlämpchen wieder aufleuchten würde, denn das tut es ja immer noch, sondern weil Sie jetzt einen Kolbenfresser haben. Der Motor ist irreparabel zerstört. Nicht das Symptom, das rote Warnlämpchen, sondern das Defizit an Energie, in diesem Fall das fehlende Motoröl, ist das eigentliche Problem. Wenn also das Symptom einer Krankheit auftaucht, dann zeigt es Ihnen, dass Sie ein Defizit an Energie haben und dass Sie die Ursache dieses Defizits, nicht aber das Symptom beseitigen sollten.

Heilung durch Bewusstwerdung

Reine Energie ist in ihrer ursprünglichen Form immer immateriell und somit für uns nicht sichtbar. Somit erscheint es vielen einfacher und nachvollziehbarer, eine Tablette einzunehmen, als den vielleicht weitaus komplexeren Ursachen ihres Energiedefizits, also ihrer Krankheit, auf den Grund zu gehen. Doch die Unterdrückung der Symptome durch Medikamente führt oft zu einer zusätzlichen Blockade unseres Energieflusses. Geben wir, durch bewusstes Erkennen, unserem Körper die fehlende Energie zurück, so erhält er, was ihm fehlt, und es ist nur eine

Frage der Zeit, bis die Homöostase, die Selbstregulierungskräfte des Körpers wieder einsetzen. Durch eigene Kraft wird sich unser Organismus erneut in seinen geordneten Ursprungszustand versetzen. Dies bezeichnen wir als Heilung. Wenn wir in der Lage sind, die Energieebene des Organismus durch Energieausgleich zu regulieren, wird sich auch die Materie, sprich das Organ, regenerieren und in sein Gleichgewicht, also in seinen gesunden Zustand, zurückkehren.

Es ist also nicht der Arzt oder Therapeut, der uns Heilung verschafft. Und auch unter den rund 58.000 allopathischen Präparaten findet sich praktisch kein einziges bekanntes Medikament, welches tatsächlich eine Krankheit heilen kann. Heilung erfolgt immer nur durch uns selbst. Denn Heilung ist ein Bewusstwerdungsprozess. Durch Bewusstwerdung erhalten wir fehlende Information, wir erhalten Energie, bestimmte Bereiche elektromagnetischer Frequenzmuster. Sei es durch Nahrungsaufnahme in Form von Lebensmitteln im grobstofflichen Sinne. Oder durch feinstoffliche Lebensmittel wie den Worten, sprich Informationen, eines guten Therapeuten. Die Mittel oder der Therapeut sind aber nur Informationsträger, jedoch nicht die Energie selbst.

Auch ein vertrauensvolles Therapie-Gespräch gibt uns heilsame Energie

Krankheit aus biophysikalischer Sicht

- Krankheit ist gleichbedeutend mit einem Defizit an Energie
- Symptome weisen nur auf einen kranken Körper hin
- Ein kranker Körper wird nicht durch die Behandlung der Symptome geheilt, sondern durch die Beseitigung der zugrunde liegenden Energiedefizite
- Die Heilung erfolgt durch die Zufuhr an Energie in Form von Informationen und die damit verbundene Bewusstwerdung. Das Defizit wird ausgeglichen

Für unsere Ernährung gilt: Lebensmittel können ihre Lebens-vermittelnde Aufgabe nur erfüllen, wenn ihre Lebendigkeit bewahrt bleibt

Lebensmittel aus biophysikalischer Sicht

Ein Lebensmittel ist in erster Linie ein Informationsträger

Bevor wir uns im nächsten Kapitel mit den beiden wichtigsten Lebensmitteln – Wasser und Salz – eingehender beschäftigen, wollen wir uns über den Sinn des Wortes „Lebensmittel" klar werden. Wir verwenden das Wort mehrmals täglich, ohne darüber nachzudenken, was alles in ihm steckt. Lebensmittel heißt, Lebensmittler oder Lebensvermittler zu sein, es ist also in der Lage, das Leben zu vermitteln. Das Lebensmittel ist also die Trägersubstanz, der Vermittler von Lebendigkeit – der Vermittler von Energie – , ein Informationsträger.

Was passiert aber, wenn dieses Lebensmittel aufgrund der Zubereitung, der chemischen Veränderung oder Destrukturierung gar keine Lebendigkeit mehr enthält? Streng genommen ist es dann auch kein „Lebensmittel" mehr, sondern ein „totes Mittel", selbst wenn es aus chemischer Sicht immer noch aus der gleichen Materie besteht wie vor der Zubereitung oder Veränderung.

Vom „Lebens-Mittel" zum „toten Mittel"

Was die Veränderung von Lebensmitteln bewirken kann, zeigt eindrucksvoll die so genannte „Oxford-Studie": Wir untersuchen die Muttermilch einer Mutterkuh unter wissenschaftlicher Kontrolle sowohl chemisch-analytisch als auch biophysikalisch. Biochemisch stellen wir fest, dass die Muttermilch einen hohen Kalziumanteil und entsprechend viel Eiweiß enthält. Biophysikalisch untersuchen wir die elektromagnetischen Frequenzmuster im niederfrequenten Bereich. Dabei erkennt man, dass aufgrund der natürlich ganzheitlichen Strukturierung (Anordnung der vorhandenen Elemente in einem Formen gebenden Bauplan) in der Muttermilch verschiedene Wellenlängenbereiche eines Energiespektrums nachweisbar sind. Aus biochemischer Sicht sind die nachweisbaren Elemente und Molekülverbindungen wie das Kalzium oder das Eiweiß von großer Bedeutung. Die Biochemie verweist dabei auf die Wichtigkeit des vorhandenen Kalziums zum Aufbau der Knochensubstanz beim Kalb sowie der Eiweißbausteine für die Muskelbildung.

Die Muttermilch der Mutterkuh unterziehen wir anschließend einer Prozedur, die nach deutschem Lebensmittelrecht notwendig ist, um diese Milch in einem Lebensmittelladen verkaufen zu dürfen: Sie wird pasteurisiert, um sie länger haltbar zu machen. Die Milch wird dabei nicht mit der Milch anderer Mutterkühe vermischt.

Pasteurisierung zerstört den Informationsgehalt der Milch

Untersucht man die pasteurisierte Muttermilch, stellt man fest, dass sie immer noch den gleichen Kalzium- und Eiweißgehalt aufweist – sie hat sich also chemisch nicht verändert. Für den Biochemiker ist es demnach kein Problem, das Kalb mit der so

Ein Lebensmittel ist viel mehr als nur die Summe seiner chemischen Bestandteile

behandelten Milch zu versorgen, denn die wichtigen Bausteine Kalzium und Eiweiß sind ja noch vorhanden. Ernährt man das Kalb aber ausschließlich mit dieser pasteurisierten Milch, wird es nicht sehr alt. Spätestens nach drei Wochen ist das Kalb tot!
Wie ist das möglich, wo doch chemisch betrachtet alles in Ordnung war? Was hat sich durch die Behandlung so verändert, dass das Kalb sterben muss? Das Pasteurisieren hat die kristalline Struktur der Milch zerstört. Ohne diese Struktur verfügt sie nicht mehr über die Geometrie, und somit ist keine oder nur eine veränderte Energieform messbar. Die Milch ist nicht mehr lebendig.

Wenn Nahrung Energie kostet

Einmal davon abgesehen, dass der Mensch das einzige Lebewesen ist, das die Milch einer anderen Spezies trinkt – eine Thematik, die durchaus ein eigenes Buch wert wäre –, hat sich das Kalzium von der notwendigen organischen Form durch die Behandlung in eine anorganische verwandelt. Da Kalzium bei der Assimilierung im Darm jedoch in organischer Form vorliegen muss, um aufgenommen werden zu können, stellt das anorganische Kalzium eher eine Belastung denn einen Nutzen dar. Denn es trägt jetzt nicht mehr zur Verstoffwechslung bei, sondern der Körper muss sich, dem Gesetz von Ursache und Wirkung folgend, nun der körpereigenen Kalziumvorräte bedienen. Eine Studie an Schulkindern konnte eindeutig belegen, dass ausgerechnet die Kinder, die die meiste Milch tranken, die schlechtesten Zähne und den schlechtesten Knochenbau aufwiesen.

Veränderte Lebensmittel sind „tote Mittel" und kosten den Körper Energie

Wenn wir also „tote Mittel" statt „Lebensmittel" zu uns nehmen, erhält der Körper keine Information, sondern nur leere Kalorien. Statt Energie, sprich Lebendigkeit, zu bekommen, muss er jetzt noch Energie aufbringen, um das „tote Mittel" zu verdauen und auszuscheiden. Obwohl Sie also ein Nahrungsmittel zu sich genommen haben, entziehen Sie Ihrem Körper Energie, anstatt ihm welche zuzuführen.

Tödliche Strahlen aus der Mikrowelle

Eine wissenschaftliche Studie aus England hat die Auswirkungen herkömmlicher Mikrowellengeräte auf Lebensmittel untersucht. Dabei zeigte sich folgendes Ergebnis: Katzen, die in einem Raum mit künstlichem Licht gehalten wurden und ausschließlich mit Kost (auch Wasser) aus der Mikrowelle gefüttert wurden – dabei konnten die Tiere aus den verschiedensten Nahrungsangeboten frei wählen –, starben ausnahmslos innerhalb eines Monats.

Woran sind sie gestorben? Sie sind verhungert, obwohl sie sich komplett überfressen hatten. Die kurzwellige Bestrahlung durch die Mikrowelle verändert die molekulare Struktur der Lebensmittel. Dabei wird der molekulare Aufbau derartig verändert, dass nicht nur keine resonante Energieform mehr messbar ist, sondern sich sogar die Chemie der Materie verändert.

Wer eine Mikrowelle besitzt, kann ein einfaches Experiment durchführen. Überbacken Sie sich doch einmal einen Käsetoast statt für 30 Sekunden einfach mehrere Minuten. Sie werden sehen, dass der Käse nicht nur nach Plastik schmeckt, sondern chemisch annähernd zu dem wird, was als Plastik bezeichnet werden kann. Der molekulare Aufbau der Elemente wurde verändert. Aus einer Substanz wird plötzlich eine ganz neue Substanz, die nichts mehr mit dem Ausgangsstoff gemeinsam hat.

Verändert sich der molekulare Aufbau eines Lebensmittels, wird sein Gehalt an Energie zerstört

Unveränderte Lebensmittel sind am besten

Im biophysikalischen Sinn ist das Lebensmittel nur die Trägersubstanz, mit der eine Information auf den Körper übertragen wird. Um diese Lebendigkeit geht es bei der gesunden Ernährung. Essen Sie lebendige Lebensmittel! Verändern Sie ihre Lebensmittel so wenig wie möglich, um deren Ganzheitlichkeit nicht zu zerstören. Wenn wir Vitamin C aus der Acerola-Kirsche extrahieren, in dem Glauben, so natürliches Vitamin C statt synthetisches zu erhalten, so haben wir dabei doch die

Ganzheitlichkeit der Frucht zerstört und damit leider auch deren Informationsgehalt, der uns durch das Vitamin C vermittelt werden sollte. Diese völlig neue Betrachtungsweise von Nahrungsergänzungsmitteln lässt den Sinn ihrer Einnahme in einem ganz neuen Licht erscheinen.

Essen Sie lebendige Lebensmittel, und ernähren Sie sich vorwiegend basisch!

Wenn Sie einen Apfel in die Erde pflanzen, kann daraus ein Baum entstehen. Auch aus einem Korn entsteht neues Leben, nämlich ein Halm, der wieder Früchte trägt. Würden Sie den Versuch mit Apfelkompott oder weißem Mehl machen, so würden Sie vergebens warten. Es wird niemals neues Leben daraus entstehen können, weil es sich bei Kompott bzw. Mehl um tote Materie handelt. In einem unbehandelten Apfel steckt biophysikalisch betrachtet mehr Energie in Form seines Informationsgehaltes als in dem gesamten Rest der gekochten Speisen, die Sie während eines ganzen Tages zu sich nehmen.

Die richtige Ernährung aus biophysikalischer Sicht

Beginnen Sie Ihren Tag mit frischem Obst oder vollem Korn und Sie werden mit viel mehr Energie in den Tag starten. Essen Sie Ihr Gemüse lieber roh oder nur kurz gedünstet, anstatt es zu verkochen. So erhalten Sie dessen viele wertvolle Strukturen und somit deren Energiegehalt. Achten Sie auf eine basische Ernährungsform, denn die Übersäuerung ist die Ursache für viele Fehlfunktionen des Körpers. Eine ausgewogene Ernährung setzt sich zu drei Vierteln aus basischen und zu einem Viertel aus säurebildenden Nahrungsmitteln zusammen. Zu den basischen Lebensmitteln zählen Obst, Gemüse, Salat und Dinkel. Säurelieferanten sind dagegen alle Süßigkeiten, Getreideprodukte (außer Dinkel), Fleisch, Fisch, Wurstwaren,

Eier, Milchprodukte, tierische Fette, Kaffee, Tee und Alkohol (eine Tabelle finden Sie auf der hinteren Innenklappe).
Zurückhaltung ist generell bei allen tierischen Eiweißen angebracht. Unser Verdauungssystem kann Kuhmilch nur schwer aufspalten, weil uns die notwendigen Enzyme dazu fehlen. Somit können auch die wertvollen Bausteine wie Kalzium, Vitamine und Aminosäuren von unserem Organismus nur bedingt aufgenommen werden. Außerdem wird sämtliche Kuhmilch, sofern sie nicht direkt vom Bauern kommt, pasteurisiert oder anderweitig behandelt. Dadurch wird auch die Lebendigkeit, der Informationsgehalt der Kuhmilch zerstört, wie wir am Beispiel des Kalbes sehen konnten.

Seien Sie zurückhaltend bei tierischen Eiweißen!

Warum Veganer keine Mangelerscheinungen aufweisen

Eine Untersuchung an 8.000 Veganern, also Menschen, die bei ihrer Ernährung auf alle Formen von tierischem Eiweiß wie Milch, Fleisch, Fisch und Ei verzichten, hat gezeigt, dass diese Personen einen ausgeglichenen Vitamin-B 12-Haushalt hatten,

Wenn Sie mit frischem Obst in den Tag starten, liegen Sie auf alle Fälle richtig. Sie geben Ihrem Körper, was er braucht

obwohl Vitamin B 12 angeblich nur in tierischem Eiweiß vorkommt und der menschliche Organismus es nicht produzieren kann. Ist unser Körper womöglich doch in der Lage, Vitamin B 12 herzustellen?

Bei der Ernährung geht es nicht so sehr um den Stoff Vitamin B 12, sondern darum, den Körper durch Energiezufuhr wieder in die Lage zu versetzen, die Elemente, aus denen er geschaffen ist, in eine ganz bestimmte geometrische Anordnung zurückzuführen, also Molekülverbindungen aufzubauen. Diese Molekülverbindungen beinhalten das, was wir materiell oder biochemisch als Vitamin B 12 bezeichnen. Ein Vitamin ist nichts anderes als die molekulare Anordnung verschiedener im Körper bereits enthaltener Elemente. Es geht also nicht um den Stoff Vitamin B 12 selbst, sondern um dessen Fähigkeit, aufgrund seiner molekularen Geometrie Informationen zu vermitteln.

Wieder ins Gleichgewicht kommen

Sie müssen nicht gleich Veganer werden, um gesund zu leben. Dennoch sollten Sie mehr Aufmerksamkeit darauf legen, was Sie essen und trinken, und dabei der Lebendigkeit von Lebensmitteln große Beachtung schenken.

Unser Organismus ist sehr wohl in der Lage, sich ständig verändernden Umwelteinflüssen anzupassen, vorausgesetzt er ver-

fügt über ausreichend Energie. Bis zu einem gewissen Maß können wir Schadstoffe ausscheiden bzw. durch unsere ordnende Struktur im Blut gewährleisten, dass sich solche nicht ab- oder einlagern können.
Wir sind sogar in der Lage, entsprechende Störungen im Organismus durch Energieausgleich wieder zu beseitigen. Nach dem Prinzip von Ursache und Wirkung muss diese Frage jedoch immer für den Einzelfall betrachtet werden. Gemäß dem Energieprinzip kann jede Form einer materiellen Veränderung durch den Ausgleich der fehlenden Energieformen, sprich Informationen, wieder in ihren ordnenden Ursprungszustand zurückversetzt werden. Es ist lediglich eine Frage der Zeit und der konsequenten Ausdauer, kontinuierlich den Ausgleich wieder herbeizuführen.

Verfügen wir über genügend Energie, bleiben wir auch gesund und sind belastbar

Gesunde Ernährung

- Lebensmittel tragen Information und Lebendigkeit in sich
- Werden Lebensmittel in ihrer Geometrie verändert oder zerstört, verändert oder zerstört man auch ihren Informationsgehalt und ihre Lebendigkeit
- Unveränderte, pflanzliche Lebensmittel sind die Grundlage einer gesunden Ernährung
- Die Nahrung sollte überwiegend aus basischen Lebensmitteln bestehen
- Die richtige Ernährung kann dabei helfen, Energiedefizite auszugleichen und Störungen zu beseitigen

Das

Wasser

Grundlage allen Lebens

Wasser ist die Grundlage allen Lebens. Es steht am Anfang und am Ende eines jeden Lebenszyklus. Unser Leben und unsere Gesundheit wie auch das Leben und die Gesundheit unseres Planeten hängen vollständig vom Wasser ab. Alles Leben auf der Erde stammt aus den Urmeeren. Die Erde wird zu etwa 70 Prozent von Wasser bedeckt, und auch der menschliche Körper besteht zu etwa 70 Prozent aus Wasser. Betrachten wir die Erde vom Weltall aus und vergleichen diesen Anblick mit dem eines Wassertropfens unter dem Mikroskop, dann stellen wir eine verblüffende Ähnlichkeit fest.

Wasser durchdringt jede Körperzelle und ermöglicht erst die Kommunikation der unterschiedlichen Zellverbände. Wasser regelt alle Funktionen des Organismus, wie zum Beispiel Körperaufbau, Stoffwechsel, Verdauung, Herzkreislauf-Funktion und vieles mehr. Wasser ist aber auch für unser Bewusstsein verantwortlich und macht unsere Denkvorgänge, Gefühle und Stimmungslagen erst möglich. Das Wasser ist der Träger aller körperlichen und geistigen Informationen.

Wasser ist nicht nur für die Funktionsfähigkeit unseres Organismus unentbehrlich, sondern auch für unser Denken, Fühlen und Empfinden

Die Aufgaben des Wassers in unserem Körper

Über seine biophysikalisch lebensvermittelnde Wirkung hinausreichend, wirkt Wasser auch chemisch betrachtet als Lösungs-, Transport- und Reinigungsmittel. Es fördert die Entschlackung, transportiert Nährstoffe, beseitigt Abbauprodukte aus dem Stoffwechsel, hält den osmotischen Druck der Zellen aufrecht und

Trinken Sie mindestens zwei Liter reines, kohlensäurefreies Quellwasser

reguliert die Körpertemperatur. Alle Stoffwechselvorgänge in unserem Körper können nur mit Hilfe von Wasser ablaufen. Die Ausscheidung von Giftstoffen über Nieren, Darm, Haut und Lunge kann nur mit Hilfe von Wasser erfolgen. Innerhalb von 24 Stunden fließen 1.400 Liter Blut durch unser Gehirn, im selben Zeitraum wird unsere Niere von 2.000 Litern Blut durchströmt. Dabei scheidet der Mensch etwa eineinhalb bis zweieinhalb Liter Wasser täglich aus.

Diesen täglichen Flüssigkeitsverlust müssen wir durch Trinken wieder ersetzen. Die benötigte Flüssigkeitsmenge ist abhängig vom individuellen Körpergewicht. Als Faustregel gilt: Trinken Sie etwa 30 Milliliter Wasser pro Kilogramm Körpergewicht. Wenn Sie also 60 Kilogramm wiegen, müssen Sie wenigstens 1,8 Liter Wasser trinken. Wiegen Sie 80 Kilogramm sollten Sie mindestens 2,4 Liter Wasser trinken.

Wenn wir genug Wasser trinken, wird unser Körper Giftstoffe viel schneller wieder los

Trinken Sie mindestens zwei Liter Wasser täglich!

Viele Menschen vernachlässigen die Flüssigkeitszufuhr, ganz abgesehen von der Qualität des Wassers, das sie zu sich nehmen. Doch je mehr wir an Wassermangel leiden, desto mehr Zellen sterben ab. Als Folge dehydriert der Körper; er trocknet förmlich aus, und der Alterungsprozess wird rasant beschleunigt. Trinken Sie täglich mindestens zwei Liter Wasser! Und damit ist wirklich Wasser – kohlensäurefreies Wasser wohlgemerkt – gemeint und nicht Kaffee, Wein, Bier oder Limonade. Je weniger Inhaltsstoffe (auch Mineralien) das Wasser enthält, desto besser. Denn Wasser hat auch eine Spülfunktion. Mineral- oder kohlensäurehaltiges Wasser kann keine Giftstoffe mehr aufnehmen, weil es bereits gesättigt ist.

Doch Wasser hat noch eine weitaus wichtigere Aufgabe. Wasser ist nicht bloß eine materielle Substanz mit spezifischen, wissenschaftlich erforschten Eigenschaften und Fähigkeiten. Wasser ist eine lebendige Kraft, von der alles Lebendige abhängt. Wasser ist nämlich auch ein Träger und Vermittler von Energie und kann Informationen an unseren Körper weitergeben. Doch wie kann das natürliche Element Wasser all diese Aufgaben erfüllen?

Wasser – ein außergewöhnliches Element

Moderne Wissenschaftler haben das Wasser bislang noch sehr wenig erforscht. Mit der Formel H_2O kann man zwar die chemische Zusammensetzung des Wassers definieren, allerdings sagt dies nichts über sein Wesen aus. Man spricht oft von der Anomalie des Wassers. Denn es verhält sich in keiner Weise so, wie es den Erwartungen der Wissenschaftler entsprechen würde. Der Siedepunkt des Wassers müsste nach den Gesetzen der Physik bereits bei minus 46 Grad Celsius liegen. Wasser verdampft aber tatsächlich erst bei 100 Grad Celsius. Wenn Wasser gefriert, also vom flüssigen in den festen Zustand wechselt, dehnt es sich aus, statt sein Volumen zu verringern, wie man es erwarten würde. Bei 37 Grad Wassertemperatur, unserer Körpertemperatur, hat Wasser seine niedrigste spezifische Wärme. Bei dieser Temperatur ist die größte Energie notwendig, um die Temperatur zu verändern. Das anomale Verhalten des Wassers hat eine zentrale Bedeutung für das Leben auf der Erde, weil dadurch erst die Existenz der Lebewesen ermöglicht wird. Wenn sich Wasser auch nur in einem Punkt „normal“ verhielte, gäbe es kein Leben auf der Erde.

Die Struktur des Wassers

Als erste materielle Erscheinungsformen entstanden Mineralien, die wie alle Formen von Materie auf einer geometrischen Struktur basieren. Auch Wasser als Materie weist eine spezifische geometrische Form auf: Es bildet ein Tetraeder, einen der fünf platonischen Körper. Wasser ist somit ein flüssiger Kristall.

Die geometrische Struktur des Wassers ist ein Tetraeder und kann somit als flüssiger Kristall bezeichnet werden

Chemisch betrachtet besteht Wasser zu zwei Teilen aus Wasserstoff und zu einem Teil aus Sauerstoff. Das Tetraeder, das das Wassermolekül darstellt, hat einen Winkel von exakt 104,7 Grad. Wenn man bedenkt, dass es letztlich die Energie ist, welche zur Materialsicherung führt, ist es hochinteressant, dass vier Wassermoleküle, also vier Tetraeder, in ihrer zusammenführenden Anordnung genau die Struktur der Pyramiden ergeben. Ob sich die früheren Hochkulturen wie die Ägypter wohl doch etwas dabei gedacht haben, als sie die platonischen Körper der Elemente als Ausgangsbasis ihrer Bauten nutzten?
Die einzelnen Wassermoleküle schließen sich zu großen Haufenmolekülen, so genannten Clustern zusammen. Die Verbindungen zwischen den H_2O-Molekülen werden Wasserstoffbrücken genannt. Es gibt unzählige Möglichkeiten der Brückenbildung und somit auch zum Aufbau unterschiedlichster flüssiger und doch

kristalliner Gebilde. Da der geometrische Aufbau für das elektromagnetische Frequenzmuster verantwortlich ist, kann man auch im Wasser bestimmte Wellenlängen feststellen. Die Clusterstrukturen ermöglichen es dem Wasser, Informationen zu speichern. Darauf beruht die Wirkungsweise der Homöopathie, der Bachblütentherapie und der Edelsteinessenzen. Schon Hildegard von Bingen hatte empfohlen, bestimmte Edelsteine in Wasser zu legen und diese Flüssigkeit dann zu Heilzwecken zu trinken.

Die Einmaligkeit des Wassermoleküls

Die Einmaligkeit jedes einzelnen Wassermoleküls lässt sich gerade im Winter sehr gut beobachten. Betrachtet man eine Schneeflocke unter dem Mikroskop, so erkennt man ihre perfekte geometrische Struktur. Welches Prinzip der Schöpfung verbirgt sich hinter diesen faszinierenden Gebilden? Welche Macht, welcher Ordnungszustand bewirkt es, dass sich diese kristallinen Formen der Schneeflocke aufbauen? Obwohl sie alle auf der gleichen kristallinen Struktur beruhen, hat man trotzdem noch nie zwei exakt gleiche Schneeflocken gefunden. Wenn es sich chemisch betrachtet nur um H_2O handelt, so müssten doch alle Schneeflocken gleich aussehen? Es ist aber die Energie, die durch Verlangsamung Materie bildet und diese in Formen kristallisiert.

Das Erinnerungsvermögen des Wassers

Wenn eine Schneeflocke unter natürlichen Bedingungen zum Schmelzen gebracht wird und dann unter den gleichen natürlichen Bedingungen wieder eingefroren wird, erhält man die exakt gleiche Schneeflocke. Wasser hat ein Erinnerungsvermögen, die Schneeflocke kann sich „erinnern", wer sie ist. Jedes Wassermolekül hat eine vollkommen eigene, unverwechselbare Identität. Es ist die Energie, die Materie schafft und formt, und nicht umgekehrt!

Wasser ist eben mehr als nur H_2O. Bemerkenswert ist auch die Erkenntnis der Biophotonenforschung. Am Aufbau jedes einzelnen Wassermoleküls sind mehr als eine Milliarde Lichtquanten beteiligt. Das passt zu der Erkenntnis des Schweizer Atomphysikers und Nobelpreisträgers Dr. Carlo Rubbia, nach der jeweils mehr als eine Milliarde Energieeinheiten notwendig sind, um nur einen Anteil Masse, also Materie, zu manifestieren. Die Biophotonen sind reine Lichtenergie, ordnen jedes Wassermolekül unterschiedlich an und geben ihm seine un-

Kein Wassermolekül gleicht dem anderen. Gut zu erkennnen in gefrorenem Zustand unter dem Elektronenmikroskop. Hier drei grafische Darstellungen von möglichen Eiskristallformen.

verwechselbare Identität. Auf unseren Körper übertragen bedeutet diese Erkenntnis, dass sich in unserem Körper ein Organ nur verändert, wenn sich vorher die Energie, die dieses Organ bildete, verändert hat. Handelt es sich bei dieser Veränderung um ein Energiedefizit, werden wir krank. Wenn wir unserem Körper jedoch die richtige Information zukommen lassen, wird er auch wieder heilen können.

Wasser ist durch seine kristalline Struktur in der Lage, Informationen zu speichern und an uns weiterzugeben

Die Informationskraft des Wassers

Wasser kann aber noch mehr: Es kann Frequenzmuster bzw. Wellenlängen an uns übermitteln. Wenn wir einen Stein ins Wasser werfen, erzeugen wir eine Welle, die sich kreisförmig ausbreitet – ja sogar räumlich, denn die Welle geht auch in die Tiefe. Das Wasser ist also aufgrund seiner Struktur in der Lage, Informationen an uns weiterzugeben. Wenn sich nun zwei gleiche Wellenlängen mit gleicher Frequenz und unterschiedlicher Herkunft überlagern, bezeichnet man das in der Physik als resonante Wirkung. Resonante Wellenlängen erzeugen Ordnung, wie man das bei den Kristallen in der Natur sieht. Sie

Mit den Wellen breiten sich im Wasser auch Informationen aus

Nur Wellen gleicher Länge erzeugen perfekte Harmonie, wenn sie aufeinander treffen

stehen in Resonanz mit dem Universum und haben sich, der natürlichen Ordnung entsprechend, in ihrer perfekten geometrischen Form manifestiert. Das Gegenteil ist die Dissonanz. Sie entsteht, wenn die Polaritäten der Frequenzen nicht übereinstimmen. Man bezeichnet sie auch als Entropie oder als Chaos. Dieses wirkt zerstörend.

Auch bei uns Menschen gibt es dieses Resonanzphänomen. Wenn wir mit jemandem sehr vertraut sind, wenn wir uns verlieben oder das Gefühl haben, dass wir uns mit einem Menschen vereinen möchten, dann drücken wir dies mit entsprechenden Redewendungen aus: „Wir liegen auf der gleichen Wellenlänge", „Zwischen uns stimmt die Chemie", „Wir sind uns sympathisch". Anders herum sagen wir ebenfalls, dass wir mit jemandem nicht auf einer Wellenlänge liegen oder er uns unsympathisch ist. Wie bei uns Menschen geschieht dies auch bei jedem Element, bei jeder Molekülverbindung, die entsteht. Unser Körper ist im physischen Sinn nichts anderes als eine Ansammlung von Elementen, die sich zu Molekülen verbunden haben und dabei immer ganz bestimmte geometrische Strukturen aufbauen.

Die Macht des gesprochenen Wortes

Der bekannte japanische Wasserwissenschaftler Dr. Masaru Emoto hat in den letzten zehn Jahren ein interessantes Experiment gemacht: Er hat mit Wasser gesprochen. Genauer gesagt, hat Masaru Emoto das Wasser mit unterschiedlichen Inhalten besprochen. Dieses Wasser hat er anschließend in zahlreichen Versuchen bei minus fünf Grad Celsius fotografiert. Wasser, das mit den Worten „Du machst mich krank" informiert wurde, zeigte eine chaotische Struktur, ähnlich einem Krebsgeschwür im Körper. Während das gleiche Wasser, das anschließend aufgetaut, mit dem Wort „Liebe" informiert und wieder auf minus fünf Grad eingefroren wurde, eine perfekte geometrische Struktur, einen Kristall darstellte.

Der japanische Wissenschaftler Dr. Masaru Emoto experimentiert mit Wasser als Träger von Informationen

Daraus wird ersichtlich, dass auch Worte „Lebensmittel" bzw. „tote Mittel" darstellen können. Jeder kennt die Macht der Worte. Worte sind nichts anderes als die ausgesprochene Manifestation unserer Gedanken. Es ist also sehr wichtig, auch im persönlichen Umfeld darauf zu achten, positiven Gedanken anderer zu begegnen. Wir wissen, was Worte alles anrichten können. Ein einziges gesprochenes Wort kann eine solche Wir-

Eiskristall aus dem Wasser der heiligen Quelle im französischen Lourdes, auch „Quelle der Wunder" genannt

Eiskristall aus Wasser, das mit dem Wort „Liebe" besprochen wurde

Zerstörte Struktur des Wassers, das mit den Worten „Du machst mich krank" informiert wurde

kung haben, dass wir es jemandem möglicherweise ein Leben lang nicht mehr vergessen oder verzeihen können. Mit unseren Gedanken und Worten können wir Menschen in Euphorie versetzen und ihnen Mut zum Leben machen oder sie in Angst und Schrecken versetzen.

Wenn uns Mitmenschen krank machen

Negative Gedanken wirken auch auf uns Menschen destruktiv, weil sie unsere kristalline Struktur zerstören

Selbst wenn wir ein von Grund auf gesundes Leben führten, könnten wir doch krank werden, wenn die Menschen in unserem Umfeld uns immer wieder mitteilen: „Du machst mich krank." Das kann sich auf uns derart destruktiv auswirken, dass uns diese Menschen mit ihren Gedanken und Worten vorzeitig ins Grab bringen können. Es kommt also nicht nur auf unsere Taten an, sondern auch auf den guten Willen, der sich in Gedanken und Worten ausdrückt. Schließlich bestehen wir zu rund 70 Prozent aus Wasser. Das Wasser in uns ist ein informierter Kristall, der sich dank seines flüssigen Zustandes den ständig wechselnden Veränderungen unserer Umwelt anpassen kann. Das gilt im Negativen wie im Positiven. So, wie das Wasser heilvolle, positive Informationen aufnehmen kann, ver-

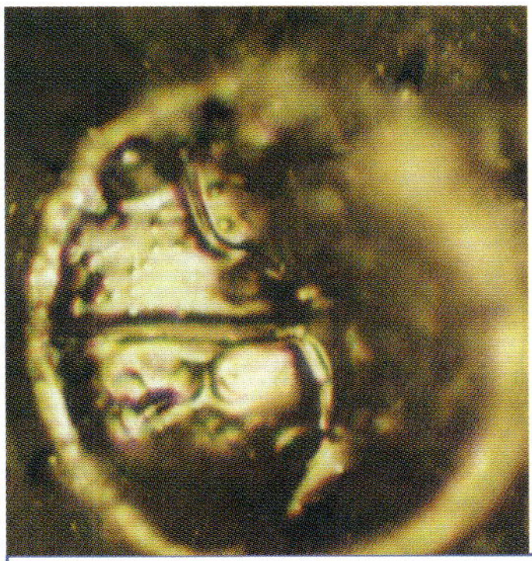

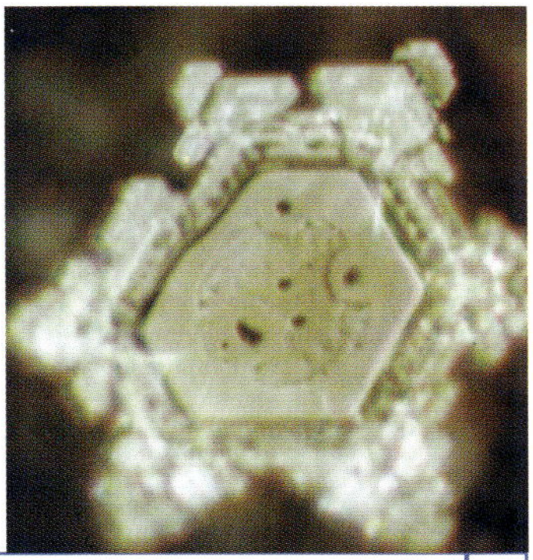

Der Kristall des Wassers, das dem Namen „Adolf Hitler" ausgesetzt wurde

Die Botschaft „Mutter Teresa" ließ das Wasser wieder eine perfekte kristalline Struktur annehmen

mag es auch schädliche, negative Prägungen zu speichern. An diesem Punkt scheitern die heute üblichen Technologien zur Trinkwasserreinigung. Sie entfernen durch Filtern, Destillieren und Umkehrosmose zwar einen Großteil der Schadstoffe, aber nicht deren schädliche energetische Schwingungen.

Schädliche Prägungen des Wassers lassen sich durch bloße Technik nicht beseitigen

Die Fähigkeiten von Wasser

Wasser ist die Grundlage allen Lebens.

Wasser ist ein Informationsspeicher und kann Informationen weitergeben.

Wasser regelt alle Funktionen des Organismus vom Stoffwechsel bis zum Denken.

Wasser ist Träger von Energie = Information = Lebendigkeit.

Jedes Wassermolekül hat seine eigene, unverwechselbare Identität.

Die Bewegung des Wassers

Wenn man fließendes Wasser in der Natur beobachtet, stellt man fest, dass es niemals geradeaus fließt, sondern sich in Spiralform dreht. Dadurch entstehen die Windungen der Bäche und Flüsse. Überall in der Natur und im Kosmos finden wir eine zentripetale Bewegung, das heißt, eine Bewegung von außen nach innen, und zwar spiralförmig in Richtung eines Bewegungszentrums. Da das Wassermolekül ein Dipol ist, bewegt es sich jedoch auch wieder von innen nach außen. Die gleiche Spiralbewegung findet auch in unserem Körper statt.
Die heutige Technik arbeitet genau umgekehrt: zentrifugal in Richtung Peripherie. Explosiv statt implosiv. Spiralige Bewegungen sind jedoch ein wichtiges Prinzip im Kosmos, der

Wasser fließt niemals geradeaus, sondern immer spiralförmig

nichts anderes als „Ordnung“ bedeutet. Die Spiralbewegung des Wassers nennt man auch Mäanderbewegung. Sie wird einerseits durch die Erdanziehung, die Schwerkraft, und andererseits durch die Ausdehnung (Levitation) des Universums ausgelöst. Jeder weiß, dass Wasser von oben nach unten fließt, aber die wenigsten von Ihnen wissen wahrscheinlich, dass ein Teil des Wassers durch die levitanten Kräfte, die das Wasser in sich trägt, auch nach oben fließt. Diese levitanten Kräfte sind es, die es dem Quellwasser ermöglichen, auch in 3.000 Meter Höhe ans Tageslicht zu gelangen. Wasser ist immer in Fluss, es bewegt sich ständig, wenn es nur kann.

artesische Quelle

Die Kraft unserer Körperflüssigkeiten

Nicht unser Herz ist die treibende Kraft unseres Kreislaufs, sondern die levitanten und gravitanten Kräfte unserer Körperflüssigkeiten

Das Wasser fließt in Form von Körperflüssigkeiten wie Blut oder Lymphe mäanderförmig durch unseren Organismus und baut so die levitanten und gravitanten, das heißt Energie erzeugenden Kräfte, auf. Unsere Wirbelsäule heißt nicht Wirbelsäule, weil wir die Knochenbestandteile dazwischen als Wirbel bezeichnen. Sondern weil sich dort die Energien mäanderförmig verwirbeln und so den Stromkreis in unserem Körper aufrechterhalten. So wie das Wasser in einer Flasche auf und ab fließt, wenn es sich frei bewegen kann, genauso fließt auch das Wasser in unserem Körper auf und ab.

Wir sprechen in diesem Zusammenhang vom Blutkreislauf. Schon im Jahre 1912 bemerkte der Nobelpreisträger Alexis Carrel übrigens, dass es in Wirklichkeit gar nicht das Herz ist, das unser Blut ständig durch die Adern pumpt. Denn das Herz ist keine Pumpe mit eigener Motorik, sondern eine Art Turbine. Diese wird von einer lebendigen Kraft, nämlich unseren Körperflüssigkeiten, angetrieben. Indem sich diese Flüssigkeiten ständig in unserem Körper auf und ab bewegen, vermitteln sie unserem Herzen ein ganz bestimmtes Frequenzmuster, eben unseren Herzrhythmus.

Das Meer: der ideale Ort zur Entspannung und Regeneration

In Resonanz zum Kosmos

Mit dem Rhythmus, in dem die Flüssigkeiten in unserem Körper fließen, stehen wir als Teil des Ganzen in Resonanz zum Kosmos. Es sind die gravitanten Energien des Wassers in unserem Körper, die uns mit beiden Füßen auf dem Boden stehen lassen – sonst würden wir in den Weltraum geschleudert. Umgekehrt sind es die levitanten Kräfte des Wassers in unserem Körper, die uns jeden Morgen dazu bewegen, uns aufzurichten. Mit den Füßen auf dem Boden zu bleiben und doch hoch hinaus zu wollen im Leben, etwas zu erreichen – wenn diese Kräfteverhältnisse nicht im Einklang mit der Natur

stehen und wir nicht mehr der Resonanz unterliegen, dann entsteht Dissonanz, ein Ungleichgewicht.
Wenn die Schwerkraft unseres Körperwassers überwiegt, weil wir keine Struktur mehr in uns haben, dann ziehen uns die mehr als 50 Kilogramm Wasser in unserem Körper förmlich auf den Boden. Am Boden zu liegen bezeichnen wir auch als Krankheit. Wir können uns nicht mehr aufrichten, weil die ordnenden levitanten Kräfte fehlen. Erst durch die Regeneration, indem wir durch Energieausgleich unserem Körper das geben, was ihm fehlt, können wir uns wieder aufrichten. Wir sind von neuem vital, das heißt, die Lebendigkeit ist zurückgekehrt.

Die Reise des Wassers durch die Erde

Wasser nimmt bei seinem Lauf durch die Erde alle elektromagnetischen Schwingungen unseres Planeten auf

Während seiner Reise durch die Erde nimmt das Wasser alle elektromagnetischen Schwingungen auf, die auf unserem Planeten vorkommen. Es wird zum Blut der Erde, wie der bekannte österreichische Naturforscher Viktor Schauberger (1885-1958) so treffend formulierte. So wie die Erde einen Nordpol und einen Südpol hat, so hat auch jedes Molekül Wasser seinen eigenen Nord- und Südpol. Was für die Erde die Atmosphäre ist, entspricht dem elektromagnetischen Feld jedes einzelnen Wassermoleküls. Der Widerstandswert unserer Erdatmosphäre liegt bei 7,83 Hertz und wird Schuhmann-Resonanzfrequenz genannt. Wasser nimmt dieses Frequenzmuster bei seinem Lauf durch die Erde auf. Unser Organismus hat wiederum das gleiche Frequenzmuster wie das Wassermolekül. Misst man die Frequenz der Gehirnströme, so finden wir Werte zwischen 8 und 10 Hertz. Wir sind also durch das Wasser ständig mit der Taktfrequenz der Erde verbunden. Das heißt aber auch, dass wir uns mit Wasser das geben können, was uns fehlt, wenn wir krank sind. Mit Wasser können wir das Energiedefizit, das hinter der Krankheit steckt, ausgleichen. Und so unseren gesunden Ursprungszustand wiederherstellen.

Die heilende Wirkung des Wassers

Von jeher nützen Menschen die heilende und wohltuende Kraft des Wassers

Seit langer Zeit bedienen sich die Menschen der heilenden Kraft des Wassers in Form der Bäderkultur. Im alten Rom herrschte eine wahre Bädereuphorie. Auch der erfolgreiche Naturheiler Paracelsus schwor auf die Heilkräfte des Wassers. Er hatte die geniale Idee, seinen Patienten 37 Grad warmes Wasser (das entspricht unserer Körpertemperatur) zu verabreichen und sie so gesunden zu lassen. Paracelsus war der Überzeugung, dass im Wasser, der „Mutter allen Seins", alles enthalten ist, um den Menschen zu heilen. Der Arzt Faridum Batmanghelidj (Autor des bekannten Buches „Wasser, die gesunde Lösung") sieht die Ursache vieler chronischer Erkrankungen in der Austrocknung des Körpers. Seine Botschaft lautet: „Sie sind

Typische Eigenschaften des Wassers

Wasser bewegt sich immer spiralförmig.

Wasser fließt sowohl nach unten (gravitant) als auch nach oben (levitant).

Wasser ist die lebendige Kraft in unserem Körper.

Wasser nimmt bei seinem Lauf durch die Erde alle Schwingungsmuster auf und speichert sie.

nicht krank, sondern durstig." Als er von der iranischen Revolutionsregierung ins Gefängnis gesteckt wurde, heilte er viele Mitgefangene mit den unterschiedlichsten Beschwerden wie Magengeschwüren, Allergien, Rückenschmerzen oder Depressionen ausschließlich mit Wassertrinken. Er rät, jeweils eine halbe Stunde vor und zweieinhalb Stunden nach jeder Hauptmahlzeit zu trinken – insgesamt zweieinhalb bis drei Liter am Tag. Koffeinhaltige Getränke wie Kaffee und Cola bezeichnet er als besondere Gefahr für die Gesundheit, weil sie den Körper entwässern, statt ihn mit Flüssigkeit zu versorgen.

Was Pfarrer Kneipp schon wusste

Auch Pfarrer Kneipp setzte darauf, unsere Fähigkeit zur Selbstheilung zu aktivieren

Die Heilkraft des Wassers war auch für den Bad Wörishofener Naturheiler Pfarrer Kneipp von zentraler Bedeutung. Er ging davon aus, dass der Körper im Prinzip über alle nötigen Heilungskräfte selbst verfügt und nur dort, wo die Selbstheilung blockiert ist, Krankheit entsteht. Er entwickelte die so genannte Hydrotherapie, die versucht, durch unterschiedliche Reize wie Wärme, Kälte oder Druck den Körper umzustimmen und so die Selbstheilungskräfte in Gang zu setzen. Zu Lebzeiten wurde Kneipp noch belächelt. Heute, 100 Jahre nach seinem Tod, erfreuen sich seine Anwendungen großer Beliebtheit. Altbewährte Hausmittel wie Wadenwickel bei Fieber, Überwärmungsbäder bei Erkältungen ohne Fieber oder aufsteigende Fußbäder bei

Blasenentzündungen werden heute wieder neu entdeckt. Saunagänge und Dampfbäder sind zur Gesundheitsvorsorge längst gesellschaftsfähig geworden.

Heilen mit der Colon-Hydro-Therapie

Eine professionelle Spülung mit warmem Wasser ist für den Darm eine echte Wohltat

Eine moderne Form der Wasseranwendung ist die Colon-Hydro-Therapie. Mit ihr wird der Körper entgiftet und entschlackt, wie es bisher nicht möglich war. Die Colon-Hydro-Therapie ist eine moderne Version der Darmspülung und reinigt den Darm sehr effizient. Dabei wird warmes Wasser in mehreren Durchgängen mittels eines Kunststoffröhrchens in den Darm geleitet und wieder abgeführt. Die Vorteile dieses Verfahrens liegen auf der Hand: Der gesamte Dickdarm wird vollkommen hygienisch über ein geschlossenes System mit Wasser oder auch mit einer Salz-Wasser-Lösung durchgespült.
Mit einer sanften Bauchdecken-Massage kann der Therapeut vorhandene Problemzonen ertasten und das einfließende Wasser genau in diese Bereiche lenken. Der auflösende Effekt des

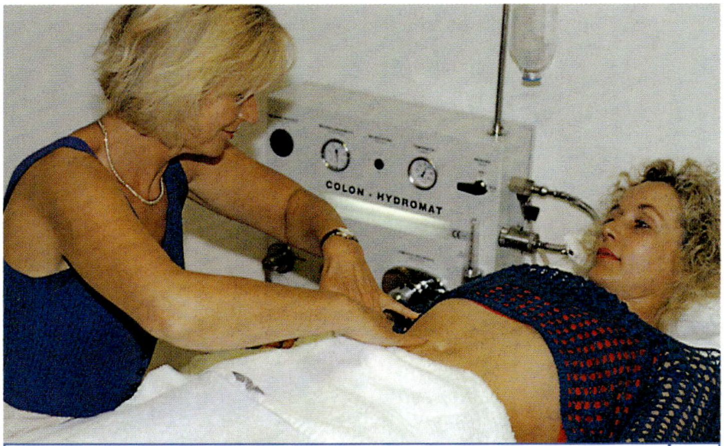

Mit einer sanften Bauchdecken-Massage unterstützt die Therapeutin die wohltuende Wirkung der Colon-Hydro-Therapie

Wassers und die gleichzeitige warm-kühle Reizung des Darms bewirken, dass dieser wieder zu arbeiten beginnt und selbsttätig den angesammelten Darminhalt weiterbefördert. Die Darmreinigung mit dem Colon-Hydro-Apparat ist sauber und geruchsfrei und wird von Patienten als angenehm beschrieben. Manche Patienten äußern sich geradezu euphorisch über die Effekte auf ihr Wohlbefinden. Im Anschluss an die Colon-Hydro-Therapie wird die Darmflora mit natürlichen Darmbakterien wieder aufgebaut.

Die Colon-Hydro-Therapie

Ein gesunder Darm ist – vergleichbar den Wurzeln eines Baumes – der Ausgangspunkt eines kraftvollen und vitalen Organismus. Er bildet die Grundlage für einen gesunden Körper.

Durch unsere denaturierten und ballaststoffarmen Nahrungsmittel, die zusätzlich noch mit Pestiziden sowie Schwermetallen belastet sind, kommt es zu Darm- und Verdauungsstörungen.

Ausscheidungsstoffe, die zu lange in unserem Verdauungssystem verweilen, haben die Tendenz zur Vergärung und Fäulnis. Sie führen zu einer starken Vermehrung schädlicher Bakterien, Pilze und sonstiger Gifte.

Die Darmreinigung mittels Colon-Hydro-Therapie ist absolut sauber und geruchsfrei. Sie wird von den Patienten als angenehm empfunden. Durch ein geschlossenes Schlauchsystem wird in mehreren Behandlungsgängen der gesamte Dickdarm mit Wasser gespült und so von seinen angesammelten Giftstoffen befreit.

Heiliges und heilsames Wasser

Natürlich lebendiges Quellwasser ist ein natürliches Therapeutikum. Trinken Sie Wasser jedoch nicht nur, um gesünder zu sein. Trinken Sie Wasser auch, um bewusster zu werden. Wasser ist Bewusstsein! Nicht umsonst besteht unser Gehirn zu 90 Prozent aus Wasser. Wasser ist voller Lebensenergie und Heilungsinformation, da es die körpereigenen Selbstheilungskräfte unterstützt, Wasser gibt Ihnen die notwendige Energie, sich selbst zu regenerieren – Ihre Batterie wieder zu laden.

Wissenschaftlich nachweisbar: heilige Quellen sind auch heilsame Quellen

In diesem Zusammenhang erklärt sich auch die Bedeutung heiliger Quellen. Sie sind heilig, weil ihr Wasser heilt. Zu solch heiligen Quellen gehören beispielsweise die von Fatima und Lourdes. Jährlich pilgern über acht Millionen Menschen dorthin, um von diesen heiligen Wässern zu trinken. Es gibt über 6.000 anerkannte Wunderheilungen von Lourdes. Doch handelt es sich eigentlich nicht um Wunder, denn sie sind wissenschaftlich erklärbar. Untersucht man das Wasser von Lourdes, so finden sich ganz bestimmte Frequenzmuster, also ganz bestimmte elektromagnetische Schwingungen. Dieses Wasser ist also in der Lage, uns heilende Informationen zu übertragen. Die meisten guten Quellwässer heiliger Quellen sind nachweisbar mehrere hundert Jahre alt. Biochemisch betrachtet unterscheidet sich das Lourdes-Wasser in keiner Weise von dem umliegender Quellen, die nicht über Heilkräfte verfügen. Untersucht man die Wässer aber zusätzlich biophysikalisch, so findet man große Unterschiede: Im Lourdes-Wasser zeigen sich bestimmte Frequenzmuster, über welche die anderen Wässer nicht verfügen.

Wasser – mehr als nur ein Durstlöscher

Wir sollten Wasser nicht nur trinken, um den täglichen Flüssigkeitsverlust auszugleichen und Giftstoffe ausscheiden zu können. Vielmehr sollten wir Wasser als unser wohl wichtigstes Lebensmittel zu uns nehmen, um die Lebendigkeit, die Energie, die Information, die es in sich trägt, zu bekommen. Das ist keine esoterische Hochstapelei, sondern wissenschaftlich mess- und nachweisbar. In Italien gibt es mittlerweile vierzehn anerkannte Lichtwasserzentren, in denen unter medizinischer Leitung nur mit heiligen Wässern therapiert wird und ungewöhnliche Erfolge erzielt werden.

Doch welches Wasser verfügt heute noch über solch heilsame Eigenschaften? In erster Linie findet man sie bei Wasser, das als artesische Quelle entspringt. Eine artesische Quelle kommt alleine, ohne jede Bohrung, als ein reifes Wasser aus der Erde empor. Wasser braucht ebenfalls seinen Reifegrad. Es kommt erst dann als Quelle ans Tageslicht, wenn es genügend levitante Kraft in sich trägt, um die Schwerkraft zu überwinden und – manchmal in über 1.000 Meter Höhe – in den Bergen als reife Quelle zu entspringen.

Nur Wasser, das aus eigener Kraft der Erde entspringt, ist wirklich reifes, gesundes Wasser

Quellwasser den Vorzug geben

Im Idealfall suchen Sie sich eine natürliche Quelle in Ihrer Nähe und füllen Ihr Wasser dort selbst ab. Europa ist reich an Quellen, und viele Gemeinden lassen das Wasser ihrer Quellen regelmäßig untersuchen. Wenn Sie unsicher sind, lassen Sie eine Wasserprobe bei Ihrem zuständigen Wasserwerk analysieren.

Wann Sie Wasser trinken sollten

Wasser sollte zum Großteil zwischen den Mahlzeiten getrunken werden. Am besten, man trinkt eine viertel bis eine halbe Stunde vor dem Essen und etwa zwei Stunden nach dem Essen. Nur eine kleine Menge Flüssigkeit ist zum Essen ratsam, denn Wasser verdünnt die Verdauungssäfte und verzögert den Verdauungsvorgang erheblich. Gärung und Fäulnis im Darm sind die Folge.

Quellwasser ist lebendig und obendrein kostenlos. Sie sollten das Wasser allerdings nur in Glasbehälter und nicht in Plastikkanister füllen. Plastik ist zwar auch eine Form von Materie, aber nachdem in unserem Körper kein Plastik vorkommt, kann dieses Frequenzmuster in unserem Körper auch keine Resonanz erzeugen. Im Gegenteil, es entsteht eine Struktur zerstörende Dissonanz, die sich negativ auf unseren Organismus auswirkt.

Nachdem Wasser eine flexible Struktur hat und ständig in Bewegung ist, nimmt es auch ständig alle Informationen aus seiner Umgebung auf. Das betrifft vor allem das Behältnis, dessen Einfluss auf das Wasser bereits nach zehn Minuten nachweisbar ist. Das Wasser nimmt also in wenigen Minuten dissonante Schwingungen des Plastiks auf. Glas besteht dagegen aus Quarzsand, einem natürlichen Mineral, das eine gehobene, geordnete Struktur hat und eine positive Resonanz im Wasser erfährt. Eine Glasflasche wirkt gleichzeitig wie ein Faraday´scher Käfig auf das Wasser und schützt es vor negativen Umwelteinflüssen.

Die heilende Wirkung des Wassers

Wasser ist ein Energieträger.
Das Frequenzmuster des Wassers entspricht dem der Erde und dem unseres Gehirns.
Die dem Wasser innewohnende Heilkraft ist seit langem bekannt und wissenschaftlich nachweisbar.
Reines Quellwasser ist am besten und vermittelt uns die Lebendigkeit des Wassers.

Die Qualität unseres Wassers

Die Bereitstellung von gutem Trinkwasser ist ein Hauptproblem der heutigen Zeit. Mittlerweile gelangen hunderttausende chemischer Stoffe in unsere Umwelt. Allein in Deutschland werden in der Landwirtschaft jedes Jahr 30.000 Tonnen Pestizide und Fungizide eingesetzt. Von den verwendeten Substanzen wirken mehr als 280 nachweisbar krebserregend. In unserem Leitungswasser werden bis zu 300 verschiedene Pestizid- und Fungizid-Rückstände gefunden. Bis 1992 wurden per Gesetz nur 63 der insgesamt über 300 bekannten Pestizide und Fungizide analysiert, obwohl genau bekannt war, dass es über 300 Formen gibt. Wir leben mit einer enormen Dunkelziffer an Pestiziden und Fungiziden in unserem Wasser, von denen wir weder Namen, geschweige denn Grenzwerte kennen. Als in den letzten Jahren maßgebliche Grenzwerte von Fungiziden und Pestiziden überschritten wurden, hat der Gesetzgeber sogar einfach die Grenze nach oben gesetzt und die Zahl der zu untersuchenden Substanzen von 63 auf 18 reduziert.

Gefährliche Kalkablagerungen

Man tut also so, als gäbe es nur noch 18 Pestizide und Fungizide, obwohl die Zahl ständig steigt. Die Wasserbelastung unterliegt von Ort zu Ort großen qualitativen Schwankungen. Mit Hilfe von Wasseraufbereitungsanlagen versuchen die Wasserwerke das Wasser von Schadstoffen zu reinigen und von Bakterien zu befreien. Biochemisch gesehen erhalten wir auch mehr oder weniger gereinigtes Leitungswasser.

Doch ein Blick in den Wasserkocher genügt, um zu wissen, dass unser Leitungswasser vielleicht gereinigt, aber nicht optimal ist. Denn der Kalk, der sich in Haushaltsgeräten absetzt, lagert sich natürlich auch in unserem Körper und dort bevorzugt in den Gefäßen ab. Unser Bügeleisen füllen wir mit destilliertem

Rohrleitungen zerstören die kristalline Phase des Wassers und somit seine Lebendigkeit

Wasser, um seine Funktionszeit zu verlängern. Und was ist mit unserem Körper? Wenn Sie Ihren Körper vor Verkalkung schützen wollen, sollten Sie lebendiges mineralarmes Wasser trinken.

Leitungswasser aus biophysikalischer Sicht

Vom biophysikalischen Standpunkt aus betrachtet, leidet die Qualität unseres Leitungswassers aber auch unter dem Umstand, dass es überhaupt durch Leitungen fließt. Bereits 80 Meter in der Rohrleitung reichen aus, um durch den Rohrleitungsdruck die Eigenbewegung des Wassers durch das Druckverhältnis größtenteils zu zerstören. Durch den Druck bedingt, können sich die Wassermoleküle in ihrer natürlichen Struktur nicht halten. Die kristalline Phase des Wassers wird zerstört. Das Wasser verliert somit größtenteils seine geometrische Struktur und dadurch bedingt seinen Informationsgehalt. Der Grund, warum wir Wasser in erster Linie trinken sollten, nämlich Lebendigkeit, sprich Information vermittelt zu bekommen, ist nicht mehr gegeben.

Unser Körper braucht die Informationen des Wassers

In diesem Zusammenhang gibt es noch einen weiteren wichtigen Aspekt, auf den der Diplombiophysiker Dr. Wolfgang Ludwig hinweist. Die wenigsten Menschen wissen, dass mit Blei, Cadmium, Nitrat und anderen Schadstoffen belastetes Trinkwasser zwar durch die Wasseraufbereitungsanlagen chemisch gereinigt und von Bakterien befreit wird. Es weist aber nach wie vor bestimmte magnetische Frequenzen auf, die man bei genauerer Untersuchung exakt diesen Schadstoffen zuordnen kann. Das Wasser enthält also nach einer Aufbereitung bestimmte Signale, die, je nach Wellenlänge, abträglich oder gar schädlich für die Gesundheit sein können. Das bedeutet nichts anderes, als dass schwermetallverseuchtes Wasser, selbst nach einer gründlichen chemischen Aufbereitung, die dissonanten Schadstoffinformationen der Schwermetalle an den menschlichen Organismus übermittelt. Obwohl unser

Wasser chemisch also rein sein kann, ist es physikalisch nach wie vor schadstoffbelastet. Nicht die chemische Substanz ist es dann, die auf den physischen Organismus wirkt, sondern es sind die dissonanten, Chaos verursachenden Frequenzmuster.

Willenlos durch Leitungswasser?

Die Aufbereitung von Trinkwasser mit Chlor und Fluor birgt eine weitere Gefahr. Chlor verursacht ein unnatürlich isoliertes Frequenzmuster, dessen Dissonanz dazu führt, materielle Denkstrukturen in unserem Gehirn zu fördern. Der Wissenschaft ist bereits seit rund 70 Jahren bekannt, dass Natriumfluorid eine ganz bestimmte Region des Gehirns schädigt, in der der individuelle Behauptungswille angesiedelt ist. Dieser wird durch fluorhaltiges Wasser und Salz auf lange Sicht zum Erliegen gebracht. Wenn man sich vorstellt, dass Menschen über 30 Jahre hinweg regelmäßig chloriertes Wasser und fluoriertes Kochsalz zu sich nehmen, dann brauchen wir uns über die immer häufiger anzutreffenden willenlosen Materialisten in unserer Gesellschaft nicht zu wundern.

Solange in unserem Körper genügend Energie vorhanden ist, kann er sich von solchen negativen Informationen befreien. Wenn wir aber ein solches Wasser jeden Tag und unser ganzes Leben lang trinken, wird unser Körper früher oder später aus seinem Ordnungszustand herausgebrochen und krank. Die mangelhafte Qualität unseres Trinkwassers muss heute als eine wesentliche Ursache für die dramatische Zunahme von Krankheit gesehen werden. Bedenkt man die Qualität des Leitungswassers, so ist es nicht erstaunlich, dass immer mehr Menschen zu Mineralwässern greifen. In der Annahme, man könnte damit Belastungen entgehen und gleichzeitig seinen Mineralhaushalt in Ordnung bringen. Mineralien sind schließlich lebensnotwendig für uns. Aber können wir die Mineralien aus den Mineralwässern überhaupt aufnehmen?

Die mangelhafte Qualität unseres Trinkwassers muss als eine Ursache für die Zunahme von Krankheiten gesehen werden

Mineralwässer unter der Lupe

Unser Körper ist nicht in der Lage, die Mineralien aus Mineralwässern aufzunehmen, da sie viel zu grobstofflich sind

Zunächst muss man anorganische Mineralien, also jene, die direkt aus dem Erdreich kommen, von den organisch gebundenen Mineralien unterscheiden. Pflanzen sind in der Lage, durch Fotosynthese (Gewinn der Nahrung mit Hilfe des Lichts = durch Lichtenergie) die anorganischen Bestandteile des Erdreichs in sich aufzunehmen und in organisch gebundene Mineralien umzuwandeln. Diese sind dann an die geometrische Struktur des Fruchtwassers gebunden. Pflanzliches Fruchtwasser weist die gleichen Oberflächenspannungswerte auf wie unser Blut und stellt für unseren Organismus eines der besten Wässer dar. In seiner perfekten natürlichen Ganzheitlichkeit ist unverändertes Fruchtwasser ein einzigartig wertvolles, echtes Lebensmittel.

Von Natur aus ist der Mensch ein Frugivore, das heißt ein Frucht- und Korn-Esser. Beides, Früchte und Körner, sollte er möglichst so zu sich nehmen, wie er sie in der Natur vorfindet. Als reine Lichtnahrung. Die menschlichen Zellen sind nicht in der Lage, anorganische Mineralien direkt aufzunehmen. Sie müssen erst von pflanzlichen Zellen verstoffwechselt und in eine organische Struktur umgewandelt werden oder in ionisierter und feinst zerteilter (kolloidaler) Form vorkommen, um vom menschlichen Organismus verwertet werden zu können. Die Mineralien im Mineralwasser sind aber meist viel zu grobstofflich, als dass sie von unserem Körper aufgenommen werden könnten.

Schlimmer noch, sie verhindern sogar, dass Giftstoffe aus dem Körper ausgeschieden werden können. Denn die Reinigungskraft des Wassers ist umso höher, je weniger Mineralstoffe sich im Wasser befinden. Solange das Wasser durch die vorhandene Struktur der Wassermoleküle die im Wasser als Mineralien enthaltenen Elemente davon abhält, Molekülverbindungen einzugehen, bleiben die Elemente ionisiert und wirken auch nicht nachteilig auf unseren Organismus. Zerstören wir jedoch, etwa durch Zugabe von Kohlensäure, die Struktur des Wassers und somit das hydratisierende Gerüst, dann können sich verschiedene Elemente zu anorganischen Molekülverbindungen vereinigen. So entsteht zum Beispiel Kalk als Verbindung aus Kalzium und Hydrogencarbonat, was zu einem ernsthaften Ablagerungsproblem im Körper führt.

Vom Tafelwasser bis zum Heilwasser

Das beste Wasser für unsere Gesundheit ist ein natürlich lebendiges und unverändert mineralarmes Quellwasser. Denn genau diese Wässer zeigen biophysikalisch die Charakteristiken, welche die Lebendigkeit des Wassers ausmachen: Elektromagnetische Frequenzen und Schwingungsmuster, wie sie auch in unserem Körper vorkommen. Ungeachtet der biophysikalischen Qualität des Wassers sollten Sie bei Quellwasser darauf achten, dass es möglichst schadstofffrei und nicht nur schadstoffarm ist. Nitrat-Werte über 2 mg pro Liter sind zwar erlaubt, aber nicht empfehlenswert.

Das beste Wasser für uns ist das reine, mineralarme, natürliche Quellwasser

Der Verbraucher kann heute zwischen mehr als 400 Wässern wählen. Dabei unterscheidet man vier verschiedene Wässer: Tafelwasser, Quellwasser, Mineralwasser und Heilwasser. Tafelwasser hat mit der Natur überhaupt nichts zu tun, sondern ist mit Kohlensäure angereichertes Leitungswasser. Nur Quell-, Mineral- und Heilwässer sind natürlichen Ursprungs und müssen direkt an der Quelle abgefüllt werden. Mineral- und Heilwässer unterscheiden sich von Quellwässern durch ihren höheren Mineraliengehalt.

Heilwässer unterliegen im Gegensatz zu den Mineralwässern nicht der Lebensmittelverordnung, sondern dem Arzneimittelgesetz. Voraussetzung für die Bezeichnung als „Heilmittel" ist die nachgewiesene therapeutische Wirksamkeit bei bestimmten Krankheiten. Für die Beurteilung und Verordnung von Heilwässern sind die Art und Menge der Mineralien und ihr Ver-

Das gesündeste Wasser ist Wasser aus einer artesischen Quelle, wie auf unserem Foto

hältnis untereinander ausschlaggebend. Heilwässer sind kein Ersatz für Trinkwasser und sollten nur kurmäßig über einen begrenzten Zeitraum getrunken werden. Sie dienen der Auslösung eines therapeutischen Effekts und sollten deshalb nur auf Anordnung eines Arztes verabreicht werden.

Wasser ohne Struktur

Wässer, die weniger als ein Gramm Mineralien pro Liter aufweisen, werden als Quellwasser bezeichnet. Aus kommerziellen Gründen werden leider auch gute Quellwässer oft mit Kohlensäure versetzt. Dabei wird dem Quellwasser sein natürlicher Sauerstoff entzogen und künstlich Stickstoff hinzugefügt. Geschmacklich ändert sich dabei nichts, aber durch diesen Vorgang werden Keime abgetötet, und das Wasser ist länger haltbar. Keime sind aber nur dann im Quellwasser, wenn es noch nicht reif war, also noch keine geometrische Struktur aufgebaut hat. Wasser braucht seine Reifezeit, bis sich diese Struktur formt. Nur wo Wasser noch keine Geometrie aufweist, wie das bei unreifem Wasser der Fall ist, können sich Keime, Viren, Pilze und Bakterien vermehren.

Reifes, frisches Quellwasser ist dank seiner kristallinen Struktur frei von Keimen

Die meisten im Handel befindlichen Wässer sind unreif und müssen deshalb haltbar gemacht werden. Dies geschieht entweder durch Zugabe von Kohlensäure oder – bei den so genannten stillen Wässern – durch Ozonierung. Dabei wird jedoch größtenteils das Frequenzmuster des Wassers zerstört. Solch ein Wasser kann man als totes Wasser bezeichnen. Es hat seinen maßgebenden Informationsgehalt verloren. Mittlerweile werden über 80 Prozent der handelsüblichen Wässer ozoniert. Leider können Sie als Verbraucher am Etikett nicht erkennen, ob es sich um ozoniertes Wasser oder gutes, reifes Quellwasser handelt, da dafür keine Deklarationspflicht besteht. Umgekehrt dürfen aber aus Wettbewerbsgründen Wässer, die nicht ozoniert sind, diesen Hinweis nicht auf der Flasche angeben.

An dieser Stelle verzichten wir bewusst auf die Nennung empfehlenswerter Wässer, da sich einerseits die Qualität der im Markt befindlichen Wässer verändern kann, andererseits immer wieder neue Wässer angeboten werden. Die Autoren erstellen jedoch eine ständig aktualisierte Liste von empfehlenswerten Wässern, die regelmäßig in der Zeitschrift „Wasser und Salz" veröffentlicht wird (siehe Anhang: Adressen und Bezugsquellen).

Der Umgang mit Mineralwasser

Leitungswasser – obwohl nicht optimal – ist häufig besser als die angebotenen Mineralwässer

Beim Umstieg von Leitungs- auf Mineralwasser kommt man also in den meisten Fällen vom Regen in die Traufe. Tatsächlich ist es sogar so, dass die Qualität des örtlichen Leitungswassers immer noch besser als die der gekauften Mineralwässer ist. Natürlich können Sie kohlensäurehaltiges Wasser trinken, in manchen Restaurants bleibt ihnen sogar nichts anderes übrig, wenn Sie ein Mineralwasser bestellen wollen. Nur sollten Sie sich darüber im Klaren sein, dass dies nichts mit den zirka zwei Litern Wasser zu tun hat, die Sie täglich trinken sollten, um gesund zu bleiben oder zu werden.

Und wenn Sie doch Mineralwasser kaufen, dann bitte nicht in Plastikflaschen, sondern nur in Glasflaschen, da die flexible Struktur des Wassers das dissonante Schwingungsmuster von Plastik sehr schnell aufnimmt.

Fakten über unser Wasser

Allein in Deutschland belasten bis zu 300 Pestizide und Fungizide unser Wasser.
Die Struktur des Wassers wird durch den Druck in Wasserleitungen zerstört.
Die Mineralien im Mineralwasser sind meist zu grobstofflich, um vom Körper aufgenommen zu werden, und deshalb wertlos oder sogar schädlich.
Am besten trinken Sie natürlich lebendiges, schadstofffreies und unverändert mineralarmes Quellwasser.
Unreife Quellwässer haben noch nicht ihre geometrische Struktur aufgebaut und sind für unsere Gesundheit wertlos.
Mit Kohlensäure versetzte oder ozonierte Mineralwässer sind „tote“ Wässer und haben keinen Nutzen für unsere Gesundheit.

Links: Plastikflaschen sind für Wasser ungeeignet, es nimmt das negative Schwingungsgmuster des Plastiks auf. Rechts: Glas gewährt ausreichend Schutz und bewahrt die Informationen des Wassers

Die Aufbereitung von Wasser

Aufgeschreckt durch Schlagzeilen wie „Trinkwasser in Gefahr", „Tod aus dem Wasserhahn" und „Wasserwirtschaft sorgt sich um Trinkwasser" suchen immer mehr Menschen nach einer individuellen Lösung des Trinkwasserproblems. Auf diesem Boden hat sich ein neuer Industriezweig entwickelt: die Trinkwasseraufbereitung. Man unterscheidet zwischen Anlagen zur biochemischen und zur energetischen Trinkwasseraufbereitung. Zur biochemischen Reinigung des Wassers, das heißt zur Beseitigung von Schad- und Mineralstoffen, werden Aktivkohlefilter, Ionenaustauscher, Umkehrosmose oder Dampfdestillation eingesetzt.

Die biochemische Behandlung von Trinkwasser

Destilliertes Wasser ist zwar rein, aber aggressiv und strukturlos und deshalb nicht zu empfehlen

Dampfdestillationsgeräte entziehen dem Wasser alle chemischen Verunreinigungen, Mineral- und Spurenelemente, so dass reines H_2O übrig bleibt, das in dieser Form jedoch nicht in der Natur vorkommt. Dampfdestillationsgeräte machen deshalb das Wasser aggressiv, da reines H_2O immer versucht, sich sofort an alle erreichbaren Elemente zu binden. Auch aus biophysikalischer Sicht ist eine Destillation nicht empfehlenswert, da das Wasser seiner Struktur beraubt wird.

Bei den Osmosegeräten ist die Ausstattung der Membrane entscheidend für die Qualität des aufbereiteten Wassers. Der Vorteil der Osmose liegt im hohen Reinigungsgrad des Wassers und dem Umstand, dass hierfür keine Energie verbraucht wird, da nur mit Wasserdruck gearbeitet wird. Dafür wird jedoch weit mehr Wasser benötigt, als im Endeffekt aufbereitet wird (bei guten Geräten etwa eins zu drei). Mehr Informationen zum Thema biochemische Wasseraufbereitung finden Sie in der einschlägigen Literatur (s. auch Literaturverzeichnis).

Die Energetisierung von Wasser

Zur Energetisierung von Wasser werden so genannte Wasserbelebungsgeräte eingesetzt. Durch Sonnenbestrahlung, Magnetisierung, Vitalisierung, Levitisierung, Bewegung oder Frequenzmusterübertragung soll dem „toten“ Wasser seine kristalline Struktur zurückgegeben werden. Dabei handelt es sich nicht um einen chemischen, sondern um einen rein physikalischen Vorgang. Selbst totes Wasser hat einen Restbestand von vier Prozent kristalliner Phase, und das ist auch der Ausgangspunkt, um im natürlichen Kreislauf aus vier Prozent wieder 100 Prozent zu machen. Mit einem Wasserbelebungsgerät wird dabei versucht, in wenigen Sekunden das zu erreichen, wozu die Natur teilweise mehrere hundert Jahre benötigt. Das Wasser nimmt durch die physikalische Energetisierung je nach

Gerät ein entsprechendes Frequenzmuster auf. Das lässt sich auch wissenschaftlich nachweisen. Die vermittelten Schwingungen sind jedoch oft sehr instabil. Je nach Gerät kann die kristalline Struktur bereits durch geringe mechanische Einflüsse, wie das leichte Schütteln des Wassers, wieder zum Verlust der modulierten Information führen. Entscheidend ist auch der

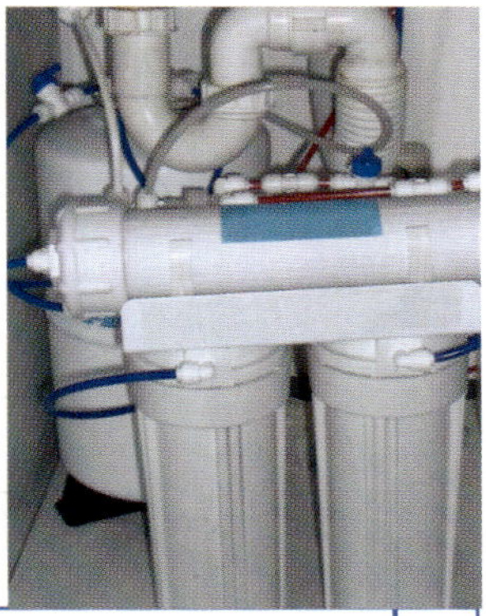

Im Handel werden verschiedene Geräte zur Aufbereitung von Leitungswasser angeboten. Foto rechts zeigt ein eingebautes Osmosegerät

Zeitfaktor, das heißt, wie lange das Wasser dem formgebenden Frequenzmuster ausgesetzt ist. Dennoch ist ein Wasserbelebungsgerät in jedem Fall besser als keines.

Vorsicht bei Wasserbelebungsgeräten

Achten Sie bei der Anschaffung eines Wasserbelebungsgerätes darauf, dass der Anbieter Physik nicht mit Chemie verwechselt. Die Hersteller vermitteln gerne den Eindruck, dass man nach der Belebung des Wassers durch ihr Wasserbelebungsgerät wieder beruhigt sein Leitungswasser trinken kann, da die Belebung angeblich auch die im Wasser enthaltenen Schadstoffe neutralisieren kann oder deren negative Schwingung verändert,

so dass deren Schädlichkeit nicht mehr gegeben sei. Sollten Sie in Ihrem Leitungswasser Schadstoffe haben, dann haben Sie auch nach der Wasserbelebung immer noch die gleichen chemischen Schadstoffe in Ihrem Trinkwasser. Die Schwingungsfrequenz eines Schadstoffes zu verändern hieße, den Schadstoff selbst zu verändern. Denn die Materie eines Schadstoffs hängt von dessen formendem Energiegehalt ab. Wenn der Schadstoff nach der Belebung jedoch immer noch chemisch nachweisbar ist, dann hat sich in Bezug auf die negative Wirkung des Schadstoffs nichts geändert. Physik darf eben nicht mit Chemie verwechselt werden. Wenn Sie Ihr Leitungswasser also künstlich aufbereiten wollen, dann sollten Sie das Wasser zuerst mit einem chemischen Reinigungsgerät, wie zum Beispiel einem guten Osmosegerät, von Schadstoffen befreien und anschließend einer Energetisierung unterziehen.

Wasserbelebung durch Quarzkristalle

Eine bloße Hand voll Quarzkristalle genügt schon, um Wasser wiederzubeleben

Eine natürliche, sehr effektive und zudem günstige Methode der Wasserbelebung ist die Verwendung von Quarzkristallen in Verbindung mit Ihrem Trinkwasser. Nehmen Sie eine Hand voll roher oder geschliffener Quarzkristalle, beispielsweise Bergkristall, Rosenquarz oder Amethyst, und legen Sie die Kristalle in eine Glaskaraffe. Füllen Sie die Karaffe am Abend mit so viel Leitungswasser auf, wie Sie am nächsten Tag trinken wollen.

Durch Messungen der Oberflächenspannung konnte nachgewiesen werden, dass das so aufbereitete Wasser ähnliche Werte erzielt wie nach der Aufbereitung durch Belebungsgeräte. Die hexagonale Struktur von Quarzkristallen ist in der Lage, die flexible Struktur des Wassers teilweise wieder zu ordnen, und vermittelt dem Wasser so die fehlende Struktur. Es ist dieselbe Methode, die viele Hersteller von Wasserbelebungsgeräten einsetzen, denn in deren Geräten wird oft Quarzsand verwendet. Biochemisch haben Sie zwar immer noch das gleiche, möglicherweise mit Schadstoffen belastete Wasser, denn auch mit den Kristallen können Sie diese nicht verändern. Aber Sie geben Ihrem Wasser nun zumindest eine geordnete Struktur, eine kristalline Phase.

Die Quarzkristalle haben die Kraft, dem Wasser erneut eine geordnete Struktur zu geben

Die Aufbereitung von Leitungswasser

Wasser wird bei der Aufbereitung biochemisch und/oder energetisch behandelt.

Destillationsgeräte produzieren reinstes, jedoch aggressives H_2O und zerstören die geometrische Struktur des Wassers.

Osmosegeräte können Wasser von seinen Schadstoffen befreien, nicht jedoch von deren negativen Schwingungsmustern.

Die energetische Aufbereitung von Wasser kann keine Schadstoffe beseitigen.

Quarzkristalle geben dem Wasser ebenfalls seine geometrische Struktur zurück

Im Idealfall befreien Sie Ihr Leitungswasser zunächst mit einem Osmosegerät von Schadstoffen und energetisieren es anschließend mit Quarzkristallen.

Das

Salz

Das weiße Gold der Erde

Salz ist für unseren Körper genauso lebensnotwendig wie Wasser

Salz ist für das menschliche Leben von genauso großer Bedeutung wie Wasser. Weder ohne Wasser noch ohne Salz könnten wir überleben. Für Salz gilt grundsätzlich das Gleiche wie für Wasser. Alle im Weiteren dargestellten Fähigkeiten von Salz in Bezug auf den menschlichen Organismus stehen immer in Verbindung mit Wasser, denn die entscheidenden Fähigkeiten des Salzes – biochemisch wie auch biophysikalisch – zeigen sich erst in der Verbindung mit Wasser. Die kristalline Sole ist letztlich die Energiematrix, in der Leben erst entstehen und bestehen kann.

Wenn wir im Folgenden die Fähigkeiten von Salz unter die Lupe nehmen, dann ist mit Salz das gemeint, was es im ursprünglichen Sinn ist: das ganzheitlich unveränderte und natürliche Salz, wie es sich auf der Erde seit Jahrmillionen kristallisiert hat. Wenn dagegen das handelsübliche so genannte „Kochsalz" gemeint ist, dann wird es im Folgenden als das bezeichnet, was es im Wesentlichen ist: Natriumchlorid mit Zusatzstoffen.

Wasser und Salz – zwei gleichberechtigte Partner

Wasser wird gerne als unser Lebensmittel Nr. 1 bezeichnet. Dann ist Salz mit Sicherheit unser zweitwichtigstes Lebensmittel. Unseren Erfahrungen entsprechend wollen wir beide Elemente – Wasser und Salz – jedoch gleichberechtigt behandeln, da wir weder ohne Wasser noch ohne Salz über Leben sprechen könnten.

Kristallsalz zieht sich in Form von weißlich, rosa oder rötlich schimmernden Adern durch den Salzberg

Über die Biophysik des Wassers gibt es mittlerweile eine Fülle an Literatur. Die Biophysik des Salzes wurde von der Wissenschaft dagegen bisher kaum beachtet. Diese Lücke wollen wir in diesem Kapitel schließen. Dennoch wäre es begrüßenswert, wenn sich in Zukunft andere Wissenschaftler und Forscher dieser spannenden und hochinteressanten Thematik annähmen.

Wasser und Salz – Bausteine allen Lebens

Kristallsalz enthält sämtliche Mineralien und Spurenelemente, aus denen der menschliche Körper besteht

Der menschliche Körper besteht bei genauerer Betrachtung aus Wasser und Salz, denn im natürlichen Kristallsalz finden wir tatsächlich alle Elemente vor, aus denen der menschliche Körper aufgebaut ist. Aus dem Periodensystem kennen wir 92 natürliche Elemente (stabile, wie auch natürlich instabile Elemente). Alle diese Elemente sind mit Ausnahme der Edelgase in dem hier beschriebenen Kristallsalz nachweisbar. Das Kristallsalz enthält also sämtliche Mineralien und Spurenelemente, aus denen der menschliche Körper besteht.

Unter Kristallsalz verstehen wir also grundsätzlich immer die Gesamtheit aller natürlichen Elemente. Diese Ausdrucksweise mag chemisch nicht ganz korrekt sein, trotzdem werden wir sie im Weiteren fortführen. Denn die mengenmäßige Verfügbarkeit aller natürlichen Elemente im Kristallsalz ist biophysikalisch an dieser Stelle nicht von Bedeutung.

Vitamine und Eiweißbausteine finden wir weder im Wasser noch im Salz. Wenn wir aber Wasser und Salz im Körper analysieren, so stellen wir fest, dass die so genannten Vitamine und Eiweißbausteine nichts anderes als teilweise kompliziert verkettete Molekülverbindungen von Elementen sind, wie sie sowohl einzeln im Salz als auch im Körper vorkommen.

Aus Wasser und Salz sowie Licht als Energieform können so hochgradig geometrisch strukturierte Verbindungen entstehen,

die – biochemisch betrachtet – identisch mit unseren Vitaminen und Eiweißbausteinen sind. Das verleiht der Sole ihre Bedeutung für den Aufbau allen Lebens, die es Wert ist, sie eingehender zu untersuchen.

Salz – Mittler zwischen Energie und Materie

Aus Wasser und Salz in Verbindung mit Licht können selbst Eiweißbausteine aufgebaut werden

Salz ist die letzte Form von Materie die übrig bleibt, wenn Materie aufgelöst und in eine feinstofflichere Art übergehen wird. Der Begründer der Schüssler-Salz-Therapie, Dr. Wilhelm Schüssler, hat schon vor mehr als 100 Jahren den Nachweis erbracht, dass die Asche, die bei der Verbrennung von menschlichen Leichen übrig bleibt, nichts anderes als die Salze sind, aus denen der Mensch besteht. Moderne Müllverbrennungsanlagen produzieren Salz, Salz, das durch die Verbrennung von Müll als letzter Rest übrig bleibt. Dieses Salz will natürlich keiner essen, da es aus den Verbrennungsrückständen unseres Abfalls stammt, aber dennoch handelt es sich um Salz.
Schon die Urmenschen wussten genau wie die Tiere, dass Salz für sie lebensnotwendig war. Wenn irgendwo Salz gefunden wurde, hütete man diese Stelle wie einen kostbaren Schatz. Salz wurde später auch als weißes Gold bezeichnet und war

Gegenstand politischer Machtkämpfe und Kriege. Römische Söldner wurden mit Salz bezahlt, was sich heute noch im englischen Begriff „salary" für das „Monatsgehalt" wiederfindet. Den Menschen war Salz zum Überleben wertvoller als Gold. Quer durch ganz Europa entstanden die so genannten Salzstraßen, auf denen das weiße Gold transportiert wurde. Heute zeugen noch viele Städtenamen wie Salzgitter, Salzburg oder Bad Salzuflen von deren Salzvorkommen. Aber auch Städtenamen wie Bad Reichenhall, Friedrichshall oder Hallein bezeugen Salzvorkommen, denn das keltische Wort für „Salz" ist „Hall".

Salz war in früheren Zeiten wertvoller als Gold und wurde sogar als Zahlungsmittel verwendet

Die Bedeutung des Wortes „Salz"

Das Wort „Salz" leitet sich vom lateinischen Wort „Sal" ab, das wiederum von „Sol" stammt. Sol ist gleichbedeutend mit der „Sole", der Lösung aus Wasser und Salz. Andererseits ist „Sol" auch die Bezeichnung für die Sonne. Mythologisch und von seiner Bedeutung her bezeichnet die Sole „flüssiges Sonnenlicht" – flüssige Lichtenergie, gebunden in eine geometrische Struktur, die in der Lage ist, Leben zu schaffen und Leben zu erhalten. Spätestens hier können wir auch sprachlich erkennen, wo das Leben entstanden ist: aus der Sole unserer Urmeere.

Im Salz finden wir das gesamte Frequenzmuster aller Elemente, die auch im menschlichen Körper vorkommen

In dem keltischen Wort „Hall“ für Salz schwingt aber auch das Wort „heil“ für „heilig“ mit, wie wir es bei den heiligen Quellen kennen gelernt haben. Bei den Kelten bedeutete das Wort „Hall“ aber auch das, was wir als „Schall“ bezeichnen. Der Schall ist ein Ton mit langem Hall oder das, was wir „Schwingung“ nennen. Hätten wir diese sinngemäße Bedeutung bis in unsere Zeit bewahrt, dann würden wir zu Tisch nicht fragen „brauchst Du etwas Salz?“, sondern „brauchst Du etwas Schwingung?“
Wussten die Kelten zu ihrer Zeit schon um die Zusammenhänge, dass im Salz alle Elemente enthalten sind? Dass im Salz die individuellen Schwingungen und damit die gesamten Frequenzmuster aller Elemente vorkommen? War deshalb das „Hall“ als Schwingung die Ausgangsbasis für das „heil“? Denn wer eine Krankheit hatte, also ein Energiedefizit, konnte durch die Gabe von „Hall“ jegliches Defizit ausgleichen. Denn ungeachtet des fehlenden Frequenzmusters, das heißt der fehlenden

Die Bedeutung von Wasser und Salz für das Leben

Salz und Wasser sind die Bausteine allen Lebens.

Der menschliche Körper besteht aus den beiden Elementen – Wasser und Salz.

Aus Sole und Sonnenlicht lassen sich alle komplizierten Molekülverbindungen – auch Vitamine und Eiweißbausteine – aufbauen.

Die Asche, die nach der Verbrennung eines Leichnams übrig bleibt, ist reinstes Salz.

Das Wort Salz geht im lateinischen auf das Wort Sonne zurück, im Keltischen „Hall“ stecken die Bedeutungen „heil“ für heilen und „Schall“ für Schwingung.

Information = Energie = Lebendigkeit, kann aus energetischer wie auch biophysikalischer Sicht dieses Defizit durch die Einnahme von Salz ausgeglichen werden. Reines Kristallsalz bezeichnet man bis heute noch geologisch als „Halit“, in dem sich wieder die keltischen Worte „Hall“ für Schwingung und „Lit“ für Licht finden. Frei übersetzt bedeutet das Kristallsalz, der Halit, also „Schwingungslicht“ oder „Lichtschwingung“.

Das aus dem Keltischen stammende Wort „Halit“ bedeutet so viel wie Lichtschwingung

Struktur des Salzes

Salz hat, ähnlich dem Wasser, eine ganz bestimmte kristalline Struktur. Im Gegensatz zu Wasser, welches ein Tetraeder darstellt, ist die Gitterstruktur von Salz kubisch, also würfelförmig aufgebaut. In diesem Würfel stecken Lichtquanten, so genannte Biophotonen, also reinste Energie. Durch die Lichtenergie der Sonne ist vor mehr als 250 Millionen Jahren das Urmeer ausgetrocknet. Die zur Austrocknung notwendige Energie ist in dem platonischen Körper des Kristallgitters als potenzielle Energieform gespeichert. Durch die Zugabe von Wasser können die Git-

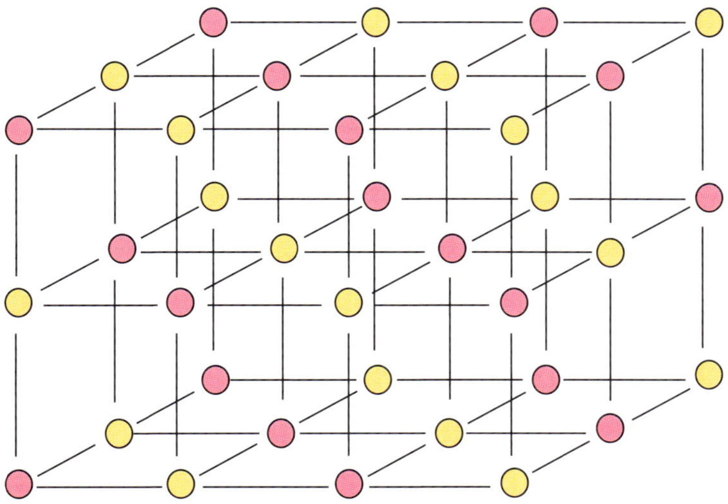

Das Kristallgitter des Salzes besteht aus:

= Natriumionen

= Chlorionen

terkräfte des Salzes überwunden werden und setzen die darin enthaltene Energie frei, wobei sie die im Kristallsalz enthaltenen Elemente ionisiert. Es entsteht förmlich ein Energiemeer, das nur darauf wartet, Leben zu schaffen oder Leben zu erhalten.

Die Wandlungsfähigkeit des Salzes

Salz muss nicht verstoffwechselt werden, um in die Zelle aufgenommen werden zu können

Salz hat wissenschaftlich betrachtet eine einzigartige Eigenschaft. Entgegen aller anderen kristallinen Strukturen stellt sich der atomare Aufbau von Salz nicht molekular, sondern elektrisch dar. Diese Tatsache verleiht dem Salz seine Wandlungsfähigkeit. Wenn wir einen Bergkristall in ein Glas Wasser geben und ihn nach zehn Minuten wieder herausnehmen, dann ist es immer noch derselbe Bergkristall. Er hat sich nicht verändert, da er molekular aufgebaut ist, auch wenn er eine kristalline Struktur hat. Er kann zwar seine Energie, sein Frequenzmuster, an die Umgebungsflüssigkeit Wasser abgeben, und das Wasser wird dies auch bereitwillig aufnehmen, aber doch bleibt es immer noch ein Bergkristall. Er ist zu stark verhaftet in der Materie, um sich von Wasser aus seiner Polarität zu lösen.

Wenn wir aber einen Salzkristall in das Wasser geben, dann löst er sich auf. Dabei entsteht Sole, die weder Salz noch Wasser ist, sondern eine energetisch höhere Dimension darstellt. Lässt man die Sole verdunsten, so erhält man das Salz wieder zurück. Diese Wandlungsfähigkeit von Salz gewährleistet auch, dass Salz in unserem Körper nicht verstoffwechselt werden muss. Stärke wird umgewandelt in Zucker, Eiweiß in Aminosäuren und Fett in Glycerin und Säure.

Salz bleibt jedoch Salz. Es ist in seiner ionisierten Form als Sole direkt verfügbar. Alle zugeführten Lebensmittel müssen wir zuerst in deren Bestandteile, aufspalten, um daraus etwas Neues zu bilden. Salz bleibt uns immer in seiner Form erhalten. Es gelangt als verfügbare Sole sogar direkt in unser Gehirn.

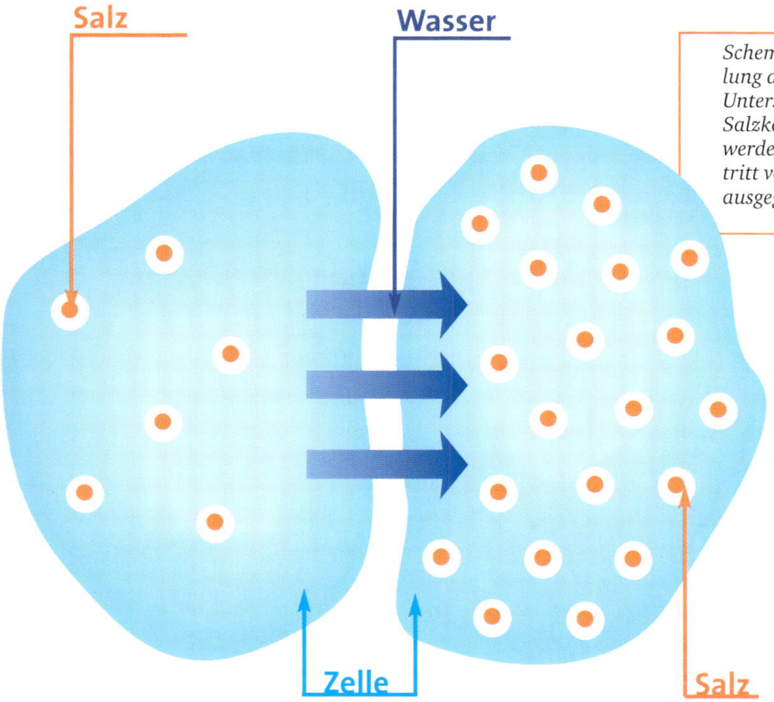

Schematische Darstellung der Osmose: Unterschiede in der Salzkonzentration werden durch Übertritt von Flüssigkeit ausgeglichen

Osmose, Grundlage für den Zellstoffwechsel

Die Wandlungsfähigkeit des Salzes ist für unseren Körper von großer Bedeutung, denn sie ist die Grundlage für den Zellstoffwechsel. Das lebenswichtige Prinzip des Stoffwechsels bei allen Lebewesen ist die Osmose. Körperflüssigkeiten treten von einer Zelle in eine andere Zelle über. Diese Osmose wird durch die Salzkonzentrationen in den Zellen gesteuert. Die Flüssigkeit bewegt sich immer von der Zelle mit geringerer Salzkonzentration zu derjenigen mit höherer Salzkonzentration. Denn die Zellwände sind zwar für Wasser, aber nicht für Salz durchlässig. Der Körper ist immer bestrebt, einen Konzentrationsausgleich herzustellen.

Kein Gedanke und keine Tat ohne Salz

Ohne die im Salz enthaltenen Elemente Kalium und Natrium könnten wir weder denken noch handeln

Für jeden kleinsten Vorgang in unserem Körper ist Salz bzw. dessen ionisierte Form der enthaltenen Elemente notwendig. Die Aufgabe unserer Nervenfasern besteht beispielsweise darin, die in den Sinneszellen aufgenommenen Reize als Erregung zum Gehirn zu leiten, das dann entsprechende Reize an die Muskeln leitet, um auf die Reize angemessen zu reagieren. Wenn die positiv geladenen Kaliumionen aus der Faser austreten, die positiv geladenen Natriumionen aber aufgrund ihrer Größe nicht eintreten können, entsteht an der Membran eine elektrische Spannung.

Die Außenseite wird positiv geladen und die Innenseite negativ geladen. Wird eine Nervenzelle gereizt, erfährt die Membran eine schlagartige Umpolung und wird jetzt für die Natriumionen durchlässig. In einer tausendstel Sekunde verwandelt sich die elektrische Spannung und setzt bei jedem Nervenimpuls eine Energie von 90 Millivolt frei. Die aufgenommenen Reize werden in Gedanken und Handlung umgesetzt. Ohne die im Salz enthaltenen Elemente Kalium und Natrium wäre dieser Vorgang nicht möglich, und wir wären außerstande, auch nur einen einzigen Gedanken zu tätigen, geschweige denn ihn auszuführen. Allein um ein Glas Wasser zu trinken, sind Millionen von Befehlen, sprich Impulsen, notwendig. Am Anfang steht der Gedanke. Dieser Gedanke ist nichts anderes als eine elektromagnetische Schwingungsfrequenz. Das Salz sorgt dafür, dass diese Schwingungsfrequenz zustande kommt und der Befehl an die ausführenden Muskeln und Organe weitergeleitet werden kann.

Die Leitfähigkeit von Salz

Aus dem Physikunterricht kennen wir den Versuch von der Leitfähigkeit des Salzes. Zwei Enden eines unterbrochenen Stromkreises, an den eine Glühlampe geschaltet ist, werden in ein Glas mit destilliertem Wasser getaucht. Da das Wasser keine Leitfähigkeit besitzt, geht die Lampe nicht an. Gibt man nun eine kleine Prise Salz in das Wasser, so fängt die Lampe sofort an zu leuchten.

Ähnliches gilt auch für unseren Körper. Aus Mangel an den natürlichen Elementen des Salzes leiden wir im übertragenen Sinne an einem chronischen „Wackelkontakt". Ein chronisches Defizit an Energie, und somit der notwendigen Informationen, belastet unseren Organismus. Salz ist kein Therapeutikum, denn dann wäre selbst ein Apfel mit seinen Wirkungen ein therapeutisches Präparat. Salz ist vielmehr ein „Lebensmittel" mit außergewöhnlichen Fähigkeiten und Eigenschaften, die zur Aufrechterhaltung unseres Lebens notwendig sind. Im natürlichen Kristallsalz finden wir das, was uns möglicherweise fehlt, nämlich das entsprechende Frequenzmuster sowie die biochemisch notwendige Verfügbarkeit.

Salz ist in der Lage, ein Defizit an Energie zu beseitigen

Die Besonderheiten des Salzes

Die kristalline Struktur des Salzes stellt sich elektrisch, nicht molekular dar.

Durch seine Wandlungsfähigkeit muss Salz von unserem Körper nicht verstoffwechselt werden, um aufgenommen werden zu können.

Die Osmose, Grundlage für den Zellstoffwechsel, wird durch Salz gesteuert.

Ohne Salz wären wir nicht in der Lage, auch nur einen einzigen Gedanken zu fassen, geschweige denn auszuführen.

Kristallsalz in seiner ursprünglichen Form und gemörsert

Vom weißen Gold zum weißen Gift

Ohne Salz ist Leben nicht möglich. Andererseits gilt der heutige Salzkonsum als äußerst gesundheitsschädlich. Das liegt daran, dass unser so genanntes Kochsalz mit ursprünglichem Salz, wie es im Salzkristall vorkommt, nur noch wenig zu tun hat. Kochsalz ist hauptsächlich Natriumchlorid, nicht Salz, wie wir es zum Leben benötigen. Denn natürliches Kristallsalz ist viel mehr als nur Natriumchlorid. Natürliches Kristallsalz besteht nicht nur aus zwei, sondern aus allen natürlichen Elementen. Es sind genau jene natürlichen Elemente, aus denen auch unser Körper besteht und aus denen einst unser Leben aus dem Urmeer entstand.

Unser Blut ist eine einprozentige Solelösung und entspricht der Salzkonzentration der früheren Urmeere

Unser Blut ist interessanterweise eine mit dem Urmeer identische Sole und weist immer noch das gleiche Konzentrationsverhältnis auf wie zu der Zeit, als das Leben das Meer verließ. Diese Sole fließt auf mehr als 90.000 Kilometern an Flüssigkeitsbahnen mit levitanter und gravitanter Kraft durch unseren Organismus und sorgt immer ausgleichend und regulierend für die Aufrechterhaltung unserer Körperfunktionen.

Wie aus Salz Natriumchlorid wurde

Kochsalz hat mit natürlichem Salz nicht mehr viel zu tun

Als die Industrialisierung einsetzte, wurde das natürliche Salz „chemisch gereinigt" und auf die Verbindung von Natriumchlorid reduziert. Essenzielle Mineralien und Spurenelemente wurden einfach als „Verunreinigungen" bezeichnet und entfernt. Natriumchlorid stellt jedoch einen unnatürlich isolierten Zustand dar und hat nichts mehr mit Natur, mit Ganzheitlichkeit und Salz zu tun. Ähnlich wie bei weißem raffiniertem Zucker, wurde aus dem „weißem Gold" plötzlich „weißes Gift".

Dabei hat es schon seinen Sinn, dass im Salz alle natürlichen Elemente des Körpers vorhanden sind. Denn Natriumchlorid allein ist eine aggressive Substanz, die sich biochemisch betrachtet einen ausgleichenden Gegenspieler sucht, damit im Körper das Neutralisationsverhältnis bestehen bleibt. Natriumchlorid braucht seine natürlichen Gegenspieler, damit es überhaupt seine Wirkung ausüben kann. Die natürlichen Gegenspieler wie Kalium, Kalzium, Magnesium und alle weiteren Minerale und Spurenelemente weisen biophysikalisch gesehen ganz spezifische Frequenzmuster auf. Diese Muster gewährleisten den geometrischen Aufbau der Strukturen. Wenn diese geometrischen Strukturen nicht vorhanden sind, bekommen wir auch keine Energie, und somit keine Lebendigkeit. Salz sollte nicht wegen seines Geschmacks, sondern wegen seiner Schwingungsmuster, die denen unseres Körpers entsprechen, zu sich genommen werden.

Wie Kochsalz den Körper belastet

Die meisten Menschen leiden unter Salzarmut, obwohl sie mit Natriumchlorid übersättigt sind. Dabei benötigt der Mensch nur die verschwindend geringe Menge von etwa 0,2 Gramm Salz pro Tag. Erst wenn wir weniger als 0,2 Gramm Salz am Tag bekommen, setzt der so genannte Salzhunger ein, wie wir das auch von Tieren kennen. Der durchschnittliche Kochsalz-

Kochsalz ist ein aggressives Zellgift, das zusätzlich die Ausscheidungsorgane überfordert

verbrauch pro Kopf liegt im westeuropäischen Durchschnitt bereits zwischen 12 bis 20 Gramm täglich. Unser Körper kann aber je nach Alter, Konstitution und Geschlecht nur fünf bis sieben Gramm Kochsalz über die Niere wieder ausscheiden.

Der Körper identifiziert Kochsalz als ein aggressives Zellgift, eine unnatürlich aggressive Substanz, die er durch seine intelligente Selbstschutzfunktion so schnell wie möglich wieder ausscheiden möchte. Dadurch werden unsere Ausscheidungsorgane permanent überfordert. In fast jedem konservierten Produkt ist Kochsalz als Konservierungsstoff enthalten, so dass man zu Hause überhaupt nicht salzen müsste und trotzdem mehr Kochsalz zu sich nimmt, als ausgeschieden werden kann.

Das überschüssige Kochsalz versucht der Körper durch Isolierung unschädlich zu machen. Dabei wird das Natriumchlorid mit Wassermolekülen umschlossen, um es in Natrium und Chlorid zu ionisieren und somit zu neutralisieren. Das für diesen Vorgang notwendige Wasser stammt aber aus unseren Zellen. Der Körper muss also sein höchst strukturiertes Zellwasser opfern, um Natriumchlorid zu neutralisieren. Dabei sterben die entwässerten Körperzellen ab, da sie ihrer Lebendigkeit beraubt werden.

Die Folgen des Kochsalzkonsums

Das Ergebnis ist die Bildung von übersäuerten Ödemen und Wassergewebe, der so genannten Cellulite. Für jedes Gramm Natriumchlorid, das wir nicht ausscheiden können, benötigt der Körper die 23fache Menge an Zellwasser. Ist der Natriumchloridgehalt trotzdem noch zu hoch, re-kristallisiert der Körper das Kochsalz. Dafür verwendet der Körper die nicht abbaubaren tierischen Eiweißbausteine, wie sie etwa in Milch vorkommen, die für den Körper wertlos sind und die er ohnehin entsorgen muss. Die dabei entstehende Harnsäure, soweit sie nicht ausgeschieden wird, verbindet sich mit dem Natriumchlorid zu Re-Kristallisationen, die sich bevorzugt im

Knochen- und Gelenkbereich ablagern. Die Folge sind rheumatische Erkrankungen wie Gicht, Arthrose und Arthritis, aber auch die Nieren- und Gallensteinbildung geht auf die Verbindung aus Natriumchlorid und Harnsäure zurück. Der Re-Kristallisationsprozess ist also eine Notlösung der Zellen und Organe, die den Körper kurzfristig vor irreparablen Schäden einer unvernünftigen Nahrungsaufnahme schützt, langfristig aber vergiftet, da die schädlichen Substanzen nicht ausgeschieden werden.

Die Macht der chemischen Industrie

Bedenkt man diese Zusammenhänge, dann fragt man mit Recht, warum das für uns so lebensnotwendige natürliche Salz chemisch aufbereitet wird, um als Gift in unseren Körper zu gelangen. Der Grund ist recht einfach: Rund 93 Prozent der weltweiten Salzproduktion wird mehr oder weniger direkt für industrielle Zwecke genutzt. Dazu ist aber reinstes Natriumchlorid notwendig. Mit Natriumchlorid kann man jeden chemischen Prozess gewährleisten, bei dem die restlichen natürlichen Elemente nur stören würden.

93 Prozent der Weltsalzproduktion werden für industrielle Zwecke und 6 Prozent als Konservierungsmittel verwendet

Die chemische Industrie hat sich die einzigartigen Wechselwirkungskräfte der Salze für zahlreiche Prozesse und Produkte zu Nutze gemacht und damit den industriellen Fortschritt erst ermöglicht. Soda, Waschmittel, Lacke, Plastik, PVC, für fast alles, was uns täglich noch weiter von der Natur entfernt, benötigt man Natriumchlorid. Sechs bis sieben Prozent der Salzgewinnung werden in der Lebensmittelindustrie als billiges, aggressives Konservierungsmittel eingesetzt, um die Nahrungsmittel haltbar zu machen. Es gibt kaum ein Fertigprodukt, ob Joghurt, Brot oder Schinken, das nicht Natriumchlorid enthält. Für die Lebensmittellogistik ein großer Segen, da sich Nahrungsmittel jetzt oft jahrelang halten, für den Menschen stellt dies jedoch eine fatale Entwicklung dar.

Das Salz in unserer Küche

Nur ein verschwindend geringer Teil der weltweiten Salzproduktion wandert in unsere Küchen – als Markensalz, Kochsalz, Tafelsalz oder Speisesalz. Unter Einsatz intensiver Werbekampagnen versucht man die Bevölkerung davon zu überzeugen, dass die externe Zugabe von Halogenen wie dem hochtoxischen Jod (in Form von Jodid- oder Jodat-Verbindungen) aus gesundheitlichen Gründen bei Kochsalz von Vorteil sei. Auch wird dem Kochsalz gerne das Element Fluor als Verbindung beigefügt. Fluor ist das reaktivste Element und gehört als grünlichgelbes, stechend riechendes Gas auch zu der Gruppe der Halogene. Jod wird künstlich beigefügt, weil es angeblich der Schilddrüse helfe, und Fluor, weil es gut für die Zähne sei. Beide Elementeverbindungen erhöhen jedoch die Giftigkeit von Natriumchlorid noch zusätzlich.

Die Zugabe von Jod und Fluor erhöht die Aggressivität von Kochsalz

Die Anführung der mehr als zweifelhaften und widerlegbaren These, dass Deutschland ein Jodmangelgebiet sei, hat mittlerweile dazu geführt, dass wir in Deutschland, Österreich und der Schweiz bereits einer indirekt flächendeckenden Zwangs-Medikation mit Jod unterliegen. Seit 1995 hielt diese flächendeckende Jodierung in Deutschland ihren Einzug und wird als die erfolgreichste Werbemaßnahme der letzten zwanzig Jahre gezählt. Somit ist es nicht verwunderlich, dass ein Großteil der Bevölkerung tatsächlich der Meinung ist, dass künstlich mit Jod angereicherte Nahrungsmittel, allen voran das Kochsalz, angeblich gesund seien, und deshalb zu diesen Produkten greift. Die wissenschaftlichen Erkenntnisse der Jodierung bzw. Fluorierung sollten jedoch kritisch begutachtet werden.

Mittlerweile leiden mehr Menschen durch massive Einbuße ihrer Gesundheit an deren Folgen, als Menschen damit angeblich geholfen werden konnte. Der Körper ist in keiner Weise in der Lage, künstlich zugeführte Jod- und Fluor-Verbindungen zu verstoffwechseln. Inzwischen ist es in Fachkreisen allgemein

Reines Kristallsalz behält auch in gemahlenem Zustand seine natürliche rosa schimmernde Farbe

bekannt, dass Nitrosamine zu den aggressivsten Krebsauslösern zählen. Sie erzeugen in zahlreichen Organen selektiv Krebs. Im Magen wirken die Nahrungsmittelzusatzstoffe wie Jodide, Fluoride, Thiozyanate, Chlorogensäure, Polyphenole und Metallsalze durch Konkurrenzreaktion stark beschleunigend auf die Nitrosaminbildung. An erster Stelle derjenigen Stoffe, welche die Nitrosaminbildung katalysieren, d. h. beschleunigen, steht Jod, das die Nitrosaminbildung um das Sechsfache erhöht. Eine sinnvolle Krebsvorbeugung erfordert strikte Jodabstinenz. Japan ist das Land mit dem höchsten Jodvorkommen der Welt, dort finden wir aber auch die hohe Rate an Schilddrüsenkrebs von 25 Prozent.

Die Krebsrate nimmt in anderen Ländern in dem Maße ab, indem die Jodzufuhr geringer ist. Mit anderen Worten: weniger Jod, weniger Krebs. Selbst die renommierte Zeitschrift „Öko-Test“, hat die „Halogenorganischen Verbindungen“ aus den Halogenen Jod, Fluor, Brom und Chlor als „nicht“ empfehlenswert gekennzeichnet, da viele dieser Verbindungen als allergieauslösend und krebserregend gelten. Auch könnte, laut einer Studie amerikanischer Forscher, die Zugabe von Jod zum Speisesalz für den Rückgang der Spermien in der männlichen Samenflüssigkeit verantwortlich sein. Seien Sie deshalb sehr kritisch mit angeblichen Gesundheitsaussagen über die Wichtigkeit der künstlichen Jodzufuhr.

Zusätzlich enthält Kochsalz oft nicht deklarierungspflichtige Konservierungsstoffe wie Kalziumcarbonat, Magnesiumcarbonat, E 535, E 536, E 540, E 550, E 551, E 552, E 553b, E 570,

E 572 sowie Aluminiumhydroxid, um die Streu- und Rieselfähigkeit zu verbessern. Aluminium ist ein Leichtmetall, das sich im Gehirn ablagern kann. Es wird vermutet, dass die hohe Alzheimer-Rate in den USA nicht zuletzt auf den hohen Konsum von in Aluminium verpackten Nahrungsmitteln und Getränken wie Cola-Dosen zurückzuführen ist. Durch die Belastung mit Aluminium können Nervenleitbahnen nicht mehr überbrückt werden, und der Denkvorgang wird unterbrochen. Es ist das natürliche Salz in unserem Körper, das uns in die Lage versetzt, überhaupt denken zu können. Dieses Salz, das aus allen seinen natürlichen Elementen besteht, die von Biochemikern fälschlicherweise als Verunreinigung eliminiert werden. Wir brauchen das Kalzium, Kalium und Magnesium genau so, wie es in seiner natürlichen Form im Salz enthalten ist, um diese Mineralien und Spurenelemente optimal aufnehmen und verwerten zu können. Wir benötigen Salz in seiner Ganzheitlichkeit, mit allen seinen natürlichen Elementen, damit unser Organismus perfekt funktionieren kann.

Unterschied zwischen Salz und Kochsalz

Unser Blut ist eine Sole, die in seiner Zusammensetzung mit dem Urmeer identisch ist.

Kochsalz besteht weitgehend aus Natriumchlorid und hat nichts mit natürlichem Salz zu tun.

Kochsalz ist ein gefährliches Zellgift und wird vom Körper unter großem Aufwand ausgeschieden oder unschädlich gemacht.

Natürliches Salz ist lebensnotwendig, um vitale Funktionen aufrechtzuerhalten

Die natürlichen Salzvorkommen

Salz ist auf der Erde reichlich vorhanden, vor allem in den Weltmeeren, die rund 70 Prozent der Erdoberfläche bedecken. Die Weltmeere werden jedoch zur Müllhalde degradiert und mit Schwermetallen wie Quecksilber, Cadmium, Blei, Arsen und dergleichen verschmutzt. Es vergeht kein Jahr, in dem nicht mindestens ein havarierter Tanker eine Ölkatastrophe auslöst. Natürlich haben auch diese giftigen Elemente ihre eigenen Schwingungsmuster, die sich aber dissonant und damit schädlich auf unseren Körper auswirken. Deshalb hat Meersalz heute nicht mehr den gleichen positiven Effekt auf unsere Gesundheit wie früher. Hinzu kommt, dass 80 Prozent aller Meersalzhersteller mittlerweile ihr Salz raffinieren.

Durch die Umweltverschmutzung hat das Meersalz an Qualität verloren

Es gibt auf der Erde aber noch genügend reines, gutes Salz, nämlich dort, wo vor Millionen von Jahren die Urmeere durch Sonnenenergie ausgetrocknet wurden. Dieses Kristallsalz, das heute noch in Salzbergwerken gefunden werden kann, ist so rein und naturbelassen wie die früheren Urmeere. Es enthält alle Elemente, die sich auch in unserem Körper finden. Dieses Salz wartet nur darauf, seine gespeicherte Energie, seinen Biophotonengehalt, durch Zugabe von Wasser freizusetzen und an uns abgeben zu können. Eine solche kristalline Sole stellt ein wahres Energiemeer dar.

Steinsalz

Die Salzvorkommen der Salzbergwerke bestehen zu über 95 Prozent aus Steinsalz. Da auch natürliches Steinsalz bereits der natürlichen Ganzheitlichkeit entspricht, ist dieses mit Sicherheit wertvoller als industrielles Kochsalz. Biochemisch betrachtet ist es nicht aggressiv. Die im Steinsalz enthaltenen Elemente haben jedoch nicht genügend Kompression (Druck) erfahren und sind somit nur teilweise und geringfügig in das Kristallgitter des Salzes eingebunden.

Die Elemente sind je nach Vorkommen zwar teilweise vorhanden, aber sie sind zu grobstofflich, um in unsere Zellen aufgenommen werden zu können. Da Salz selbst im festen Zustand als Kristallgitter keine Molekülverbindung darstellt, sondern sich die Elemente Natrium und Chlorid ional verhalten, können sich die in das Kristallgitter eingebundenen Elemente ebenfalls ional verhalten. Die Wertigkeit der Elemente hängt davon ab, ob sie im Laufe von Millionen von Jahren in das Kristallgitter durch Druck eingebunden wurden.

Der Unterschied zwischen einem Stein und einem Kristall

Beim Steinsalz sind die Elemente nicht in das Kristallgitter eingebunden, sondern haften nur an den Oberflächen und Zwischenräumen der kristallinen Struktur. Das macht auch den Unterschied zwischen Kristallen und Steinen aus. Ein Kristall verfügt im Gegensatz zu einem Stein über einen übergeordnet natürlichen Ordnungszustand. Genau dieser Ordnungszustand gewährleistet die biochemische Verfügbarkeit der Elemente für unsere Zellen und die biophysikalischen Eigenschaften seiner individuellen Frequenzmuster.

Die Mineralien im Steinsalz sind zu grobstofflich, als dass sie von der Zelle aufgenommen werden könnten

Natürliches Steinsalz wird heute noch als Leck- oder Viehsalz für Wild und Kühe verwendet. Es stellt eine kostengünstige Alternative zum Kochsalz dar, da es wenigstens ein Naturprodukt ist. Biophysikalisch wie auch biochemisch betrachtet ist es für uns jedoch nur von geringfügiger Bedeutung. Einerseits erhalten wir die resonanten Wirkungen der geometrischen Strukturen nur durch den Ordnungszustand des Kristalls, und andererseits gewährleistet nur die ional-kolloidale Form der Elemente die notwendige Zellverfügbarkeit.

Erst durch Druck werden die Elemente in eine spezifische Teilchengröße gebracht, so dass sie in einen ionalen bzw. kolloidalen Zustand übergehen. Das ist von großer Bedeutung, weil

Die Druckverhältnisse sind verantwortlich für die Ausbildung einer kristallinen Struktur

unsere Zellen nur das aufnehmen können, was organisch bzw. ional-kolloidal vorhanden ist. Deshalb können wir auch keine Mineralien aus dem Mineralwasser aufnehmen, da sie viel zu grobstofflich sind, als dass sie in die Zellen eindringen könnten. Was aber nicht in die Zelle gelangt, kann auch nicht verstoffwechselt werden. Deshalb nützt das beste Kalzium nichts, wenn es für die Zelle nicht verfügbar ist. Wir benötigen den organischen bzw. ional-kolloidalen Zustand eines Elements in natürlich perfekter Symbiose aller beteiligten Elemente, damit diese für unseren Organismus verwertbar sind.

Kristallsalz

Reines natürliches Kristallsalz ist über Jahrmillionen enormen Druckverhältnissen ausgesetzt worden. Die Druckverhältnisse waren entscheidend für die Entstehung von Kristallsalz. Je höher die Kompression, desto höher die kristalline Struktur mit ihrem Ordnungszustand. Salz ist für uns in erster Linie Informationsträger und nicht Gewürz. Dazu benötigt Salz eine geometrische Struktur, eine kristalline Phase. Ein Kieselstein und ein Bergkristall sind chemisch gesehen beides Silikate. Trotzdem unterscheiden sie sich wesentlich, bedingt durch die unterschiedlichen Druckverhältnisse während Ihrer Entstehungsphase.

Der Bergkristall weist eine perfekte Geometrie, einen Ordnungszustand auf, der Kieselstein dagegen nicht. Die Elemente sind grobstofflich, weil nicht ausreichend Druck vorhanden war, eine kristalline Phase zu bilden. Kristallsalz zieht sich als transparent weißlich, rosa oder rötlich schimmernde Ader durch den Salzberg. Es kristallisierte in den Bereichen, wo durch entsprechenden Druck kristalline Strukturen entstehen konnten. Im Kristallsalz liegen die Elemente in einer so kleinen Teilchengröße vor, dass sie in die menschliche Zelle aufgenommen und verstoffwechselt werden können.

Der Abbau von Kristallsalz

Kristallsalz wird in seiner perfektesten Form geologisch auch als Halit bezeichnet. Einst nannte man es „Königssalz“, weil es den Adeligen vorbehalten blieb. Das einfache Volk erhielt das Steinsalz. Der Abbau von Kristallsalz ist heute allerdings nicht rentabel, weil reines, natürliches Kristallsalz nur sporadisch und venenartig vorkommt. Es kann deshalb nicht maschinell abgebaut und bearbeitet werden. Teilweise muss die hundertfache Menge Steinsalz abgebaut werden, um das kostbare Kristallsalz erschließen zu können.

Dabei ist es aus biophysikalischer Sicht notwendig, die natürlichen Eigenschaften seiner Frequenzspektren durch die Bearbeitung von Hand zu gewährleisten. Der Salzabbau von Hand ist heute aber erst recht nicht mehr realisierbar. Um jedoch überhaupt Erkenntnisse über die Fähigkeiten von reinem Kristallsalz gewinnen zu können, ist es notwendig, den Menschen wieder eine einfache und natürliche Möglichkeit zu bieten, ihren Körper durch die Zufuhr von Kristallsalz zu regenerieren. Die Ganzheitlichkeitstheorie macht nur Sinn, wenn sie auch praktisch nachgewiesen werden kann. Wenn wir also vom Vorhandensein aller natürlichen Elemente im Kristallsalz sprechen und dessen Notwendigkeit erkannt haben, dann muss dies auch nachweisbar sein. Denn Kristallsalz ist nicht gleich Kristallsalz. Eine kristalline Erscheinungsform macht noch kein Kristallsalz aus.

Die Mineralien im Kristallsalz liegen in einer so kleinen Teilchengröße vor, dass sie von der Zelle aufgenommen werden können

Die Erforschung von Kristallsalz

Das Interesse der Wissenschaft für biophysikalische Eigenschaften von Salz steht erst am Anfang, weshalb es nur wenige Untersuchungen in Bezug auf die in diesem Buch beschriebenen Qualitäten gibt. Wissenschaftliche Untersuchungen von Kristallsalz in dieser notwendigen Tiefe sind äußerst umfangreich und aufwendig. Bisher war es weder für Salzbergwerke

Achten Sie beim Kauf von Kristallsalz auf Herkunft und nachgewiesene Qualität

noch für die Menschen im Allgemeinen von Interesse. Erst die Veröffentlichung der Eigenschaften der untersuchten Kristallsalze aus dem Salzbergwerk Berchtesgaden wie auch aus dem Himalaja hat das Interesse für diese Zusammenhänge geweckt. Leider muss an dieser Stelle auch vor dubiosen Anbietern von „Kristallsalzen" gewarnt werden. Vor allem wenn die angebotenen Salze aus Regionen wie Norddeutschland oder Polen stammen, deren geologische Formation die Bildung von Kristallsalz gar nicht in der notwendigen Form ermöglicht. Meistens handelt es sich hierbei nur um kristallines Steinsalz oder eine Mischung aus Steinsalz und Kristallsalz, da dieses nicht sorgfältig von Hand getrennt wurde. Oft wird rötlich erscheinendes Steinsalz als hochwertiges Kristallsalz angeboten, da der Laie äußerlich kaum den Unterschied erkennen kann.

Kristallsalz aus dem Himalaja

Die in diesem Buch beschriebenen Erkenntnisse beziehen sich nur auf Kristallsalze, welche die Kriterien für eine wissenschaftlich nachweisbare Ganzheitlichkeit erfüllen. Im Rahmen der durchgeführten Studie werden derzeit nur reine Kristallsalze aus dem Gebiet des Himalaja verwendet. Die Druckverhältnisse in dieser Region der Erde waren beim Aufbau der dortigen Bergmassive so stark, dass sich perfekt geordnete Kristallgitter aufbauen konnten.

Anfänglich wurden auch Kristallsalze aus dem Salzbergwerk Berchtesgaden untersucht. Die chemische Analytik unterscheidet sich bei beiden Kristallsalzen nur geringfügig. Allerdings weist das Kristallsalz aus dem Himalaja eine bis zu hundertfach höhere, geordnete Struktur und somit Informationsgehalt auf.

Die Verteilung der Elemente spielt ebenfalls eine wichtige Rolle. Nach dem weltweiten Standard für Speisesalz (Codex Alimentarius) muss ein Speisesalz mindestens zu 97 Prozent aus Natriumchlorid bestehen. Diese Vorgabe hat mit Ganzheitlichkeit zwar wenig zu tun, muss, wenn man Salz als Lebensmittel anbieten möchte, jedoch erfüllt und eingehalten werden. Diese industrielle Standardisierung ermöglichte wohl somit auch die Einführung von raffiniertem Kochsalz. Durch diese Novellierung waren viele Bergwerke nun nicht mehr in der Lage, ihr natürliches Steinsalz als Speisesalz anzubieten, da der Anteil der anderen Elemente prozentual zu hoch ausfiel und nicht mehr dem Codex entsprach. Die untersuchten Kristallsalze aus dem Himalaja erfüllen dennoch auch diesen Codex, da die im Salz enthaltenen Elemente stark komprimiert wurden. Es kommt also nicht auf die vorhandene Menge eines Elementes an, sondern es geht vielmehr um dessen qualitative Verfügbarkeit. Diese hochwertigste Form ist im Kristallsalz aus dem Himalaja wissenschaftlich bestätigt.

Worauf Sie beim Kauf von Kristallsalz achten sollten

Natürlich macht sich die Bearbeitung von Hand beim Preis von Kristallsalz bemerkbar. Dieser ist nicht mit dem von Kochsalz, Meersalz oder Steinsalz vergleichbar. Gerade deshalb sollten Sie auch auf die Qualität des angebotenen Salzes achten.

Seien Sie kritisch, und fragen Sie Ihren Anbieter, aus welcher Gegend das Salz kommt. Fragen Sie nach den für Kristallsalz notwendigen wissenschaftlichen Untersuchungen. Verlangen Sie den Nachweis über das Vorhandensein der natürlichen Elemente sowie deren Zellverfügbarkeit. Hinterfragen Sie, ob das Salz die Vorschriften des Codex Alimentarius erfüllt, und achten Sie auf die Gewähr, dass das Salz per Hand selektiert und

bearbeitet wird. Seien Sie kritisch, denn leider bieten einige schwarze Schafe, die nur auf ihren Gewinn und nicht auf Ihre Gesundheit aus sind, herkömmliches Steinsalz oder minderwertiges Straßensalz aus polnischen Bergwerken als hochwertiges Kristallsalz an. Es wäre bedauerlich, wenn ein so wichtiges Thema wie der Nutzen von Wasser und Salz für unsere Gesundheit durch ein paar kommerzielle Trittbrettfahrer in Verruf geriete.

Mittlerweile überschwemmen unzählige angebliche Kistallsalze aus dem Himalaja den Markt, und täglich kommen neue hinzu. Um den Verbraucher vor unseriösen Angeboten zu schützen, prüft der unabhängige und gemeinnützige Förderverein Wasser und Salz e.V. unter der Leitung von Dr. Barbara Hendel die verbreitetsten Angebote und verleiht den Salzen, mit denen Sie die im Buch beschriebenen Wirkungen erzielen können, ein Gütesiegel. So haben Sie die Gewähr, wirklich hochwertiges Kristallsalz zu erwerben. Aktuelle Informationen erhalten Sie in der zweimonatlich erscheinenden Zeitschrift „Wasser & Salz", die Sie mit der beigefügten Postkarte bestellen können.

Wasser und Salz für einen gesunden Energiehaushalt

Immer mehr Menschen entdecken die Bedeutung des Lebensmittels Salz für sich

Es gibt mit Sicherheit auch in anderen Hochgebirgen dieser Erde weitere interessante Vorkommen von Kristallsalz, nicht nur im Himalaja, es muss nur entdeckt werden. Da durch die Industrialisierung das Wissen um die ursprüngliche Bedeutung von Kristallsalz fast völlig verloren gegangen ist, ist es jetzt an der Zeit, dieses für uns Menschen so wichtige Lebensmittel neu zu entdecken. Sie werden verwundert sein, wie schnell Sie Ihren Körper wieder in seinen notwendigen Ordnungszustand zurückversetzen können.

Es gibt bereits viele gesundheitsbewusste Menschen, die penibel auf ihre Ernährung achten und alles im Naturkostladen kaufen. Aber ausgerechnet bei den wichtigsten Lebensmitteln – Wasser und Salz – nehmen Sie es nicht so genau. Dabei haben Untersuchungen gezeigt, dass Probanden und Patienten, die weniger auf ihre Ernährung, aber mehr auf die Qualität des Wassers und der Salze geachtet haben, teilweise einen nachweisbar besseren Organzustand aufzuweisen hatten als „gesund" lebende Probanden, die ausgerechnet nicht auf ihr Wasser oder Salz geachtet haben.

In Wasser und Salz ist biophysikalisch alles enthalten, was Körper und Geist brauchen

Erkennen Sie wieder, wie unabhängig Sie sich nicht nur körperlich, sondern gerade geistig machen können, wenn Sie auf ein natürliches Quellwasser und ein reines Kristallsalz achten. Tun Sie das nicht nur, um gesünder zu werden. Machen Sie es, weil Sie endlich verstanden haben, dass es um den Ausgleich Ihres Energiehaushaltes geht. Und diesen können Sie durch die in Wasser und Salz gespeicherten Informationen aufrechterhalten, denn in diesen beiden essenziellen Elementen ist biophysikalisch bereits alles enthalten, um Ihren Körper und Geist zu befriedigen.

Wasser und Salz als echte Lebensmittel

Trotzdem ist diese Kombination aus Wasser und Salz, diese natürlich kristalline Sole, kein Medikament oder Therapeutikum mit Wunderwirkung, sondern im wahrsten Sinne des Wortes ein „Lebensmittel". Wasser und Salz können das Chaos in Ihrem Körper wieder in Ordnung bringen. Sie müssen aber auch bedenken, was die Ursache für Ihr Chaos war, und dieses langfristig beseitigen. Eine Ernährungsumstellung ist deshalb in vielen Fällen zwingend notwendig. Das Kristallsalz löst in Ihrem Körper überflüssige oder giftige Abfallprodukte, die durch das Wasser abtransportiert und ausgeschieden werden. Beide zusammen reinigen Ihren Körper wie die Waschmaschine Ihre Wäsche.

Bewertung natürlicher Salze

Salz ist auf der Erde und in den Weltmeeren zwar reichlich vorhanden, natürliches Kristallsalz kommt dagegen selten vor.

Kristallsalz erhält durch starken Druck seine wertvolle geometrische Struktur.

Seit Kristallsalz und seine positiven Wirkungen erforscht werden, gibt es auch kommerzielle Trittbrettfahrer, die minderwertige Salze als Kristallsalz anbieten.

Das zurzeit wissenschaftlich am umfangreichsten untersuchte Kristallsalz stammt aus dem Himalaja.

Die heilende Wirkung von Salz

Viele Menschen zieht es instinktiv ans Meer, den Ursprung ihres Daseins

Salz gilt seit tausenden von Jahren als Allheilmittel. Die Alchimisten bezeichneten es als das „Fünfte Element"– neben Wasser, Erde, Luft und Feuer – da es, seiner Eigenschaften entsprechend mit nichts anderem als dem Äther zu vergleichen war. Warum zieht es uns Menschen im Urlaub immer wieder ans Meer? Weil unser Unterbewusstsein instinktiv dahin zurückkehren will, woher wir einst gekommen sind, aus einem ganz bestimmten Schwingungsverhältnis. Dort können wir uns mit Energie aufladen und regenerieren.

Erst als vor rund 100 Jahren die Industrialisierung mit ihrem chemischen Reinheitswahn einsetzte, haben wir uns von der Natur entfernt. In jüngster Zeit ist erfreulicherweise ein Trend zurück zum ganzheitlich natürlichen Salz zu beobachten. Die Menschen besinnen sich wieder auf die heilende Wirkung des Salzes. Es taucht in Hautpflegemitteln, als Badezusatz oder als Mittel zur Inhalation und Spülung bei Atemwegserkrankungen und vielen anderen Indikationen auf.

Die neutralisierende Wirkung von Salz

Die heilende Wirkung von Salz ist auch schulmedizinisch anerkannt. In der königlichen Salzmine von Wieliczka, nur zwölf Kilometer vor den Toren Krakaus, liegt der größte Salzstollen Europas. Dort befindet sich in 226 Meter Tiefe ein Krankenhaus für Asthmatiker, Lungenkranke und Allergiker, in dem bereits mehrere tausend Patienten mit der unglaublichen Heilungsquote von über 90 Prozent behandelt wurden. Auch in dem Salzbergwerk von Berchtesgaden wendet man diese Erkenntnisse in dem dortigen Salzheilstollen erfolgreich an. Die schulmedizinisch anerkannte Späleotherapie erklärt man sich durch die reine Luft im Stollen.
Wenn die Luft dort so gesund ist, dann stellt sich natürlich die Frage, warum die Luft hier oben so krank macht. Unsere Häuser sind mit elektromagnetischen Geräten wie Fernsehern, Computern, Mikrowellen und Handys überfrachtet. Diese bewirken einen Überschuss an positiv geladenen Ionen und stören das Gleichgewicht zwischen positiv und negativ geladenen Teilchen in der Luft. Dadurch sind mehr positiv geladene und ungebundene Staubpartikel in der Luft. Telefonieren wir nur 30 Sekunden mit einem Handy, öffnet sich dabei für acht Stunden die so genannte Bluthirnschranke, die unser Gehirn vor Giftstoffen schützt. Eine schwedische Studie belegt, dass Frauen, die eine Kupferspirale zur Empfängnisverhütung tragen und gleichzeitig mit dem Handy telefonieren, zu über 90 Prozent an Gebärmutterkrebs erkrankten. Die Spirale funktioniert dabei wie eine Empfangs- und Sendeanlage, nur leider handelt es sich um unnatürlich dissonante, also krank machende Schwingungen.

Schädliche Strahlung für den Körper – das Handy

Salzstollen als Krankenhäuser der Natur

Die neutralisierende Kraft des Salzes ist in der Lage, positive Ladungsverhältnisse auszugleichen. Früher war es ein alter Brauch der Bauern, neue Räume zu salzen, bevor sie dort einzogen, um die bösen Geister zu vertreiben. Die bösen Geister von damals sind die negativen elektromagnetischen Schwingungsverhältnisse von heute. Dabei kann die ausgleichende Neutralkraft von natürlichem Salz die krank machenden Schwingungsmuster ausgleichen. Diese Eigenschaft von Salz nutzt sogar die Atomindustrie bei der Lagerung atomarer Brennstäbe in stillgelegten Salzstollen wie dem von Gorleben. Salz kann nämlich sogar radioaktive Strahlung neutralisieren.

Der Salzstollen heilt nicht nur durch seine reine Luft, sondern auch durch sein resonantes Schwingungsmuster

Der Salzheilstollen schafft nicht nur reine Luft, sondern weist durch das Vorhandensein der gleichen Elemente wie im Körper die exakt gleichen Schwingungsmuster auf. So entstehen selbstheilende und regulierend wirkende Resonanzen. Wenn unser Körper krank ist und das natürliche Schwingungsmuster nicht mehr vorhanden, kann Salz uns in den ursprünglich ausgeglichenen Zustand zurückführen. Indem der Patient im Bauch der Erde von Millionen Tonnen Salz umgeben ist, wirkt dessen starkes Frequenzmuster auf ihn ein. Der Körper nimmt dieses Frequenzmuster auf und beseitigt so sein Defizit an Energie.

Im Prinzip können alle Symptome eines kranken Körpers – nicht nur Atemwegserkrankungen – mit Salz therapiert werden. Eine Studie an Leberkranken bestätigt dies auf beeindruckende Weise. So verbesserten sich die Leberwerte der Patienten bereits nach einem zweieinhalbstündigen Aufenthalt im Salzstollen deutlich. Natürlich ist der Leberkranke nicht nach so kurzer Zeit geheilt. Da sich seine Erkrankung bereits im Organ manifestiert hat, wird er nach etwa 24 Stunden wieder in sein altes, krankhaftes Schwingungsmuster zurückfallen, wenn er die Therapie nicht täglich anwendet. Die Heilkraft des Salzes kann jedoch auf der energetischen Ebene den notwendigen gesunden Ordnungszustand für einen Tag aufrechterhalten. Da aber die wenigsten Menschen Zeit und Gelegenheit haben, sich jeden Tag für mehrere Stunden in einen Salzstollen zu legen, bietet sich alternativ eine kristalline Soletrinkkur an, so wie sie schon vor hunderten von Jahren durchgeführt wurde.

Die heilende Kraft von Salz

Die heilsame Wirkung des Salzes basiert auf seinem spezifischen Schwingungsmuster, mit dem Energiedefizite des Körpers ausgeglichen werden können.

Die Neutralkraft des Salzes kann krank machende, elektromagnetische Schwingungen in unserem Umfeld ausgleichen.

Auch die Schulmedizin kennt die heilende Wirkung des Salzes und setzt es besonders bei Atemwegsbeschwerden und Hauterkrankungen ein.

Forschungsergebnisse

Viele der in diesem Buch beschriebenen Erkenntnisse über die Eigenschaften von Wasser und Salz beruhen auf zahlreichen Forschungsergebnissen der letzten Jahre. Die Erkenntnisse der biochemischen wie auch biophysikalischen Qualitäten von Wasser sind durch viele wissenschaftliche Untersuchungen bestätigt. Auch weiß man von der beschriebenen Bedeutung und Wichtigkeit von Salz für den menschlichen Organismus. Jedoch fehlten bisher Untersuchungen sowohl über die natürliche Ganzheitlichkeit, als auch über die biophysikalischen Eigenschaften von Salz. Um diese wichtige Lücke zu schließen, führt das Institut für Biophysikalische Forschung unter Leitung von Peter Ferreira seit Beginn des Jahres 2000 eine fortlaufende und umfangreiche Forschungsstudie über die biophysikalischen Zusammenhänge von Salz in Bezug auf den menschlichen Organismus durch. Auch haben namhafte Wissenschaftler, Mediziner und Forscher dazu beigetragen, die Notwendigkeit von natürlichen Wasser- und Salzanwendungen zu bestätigen. Eingangs wurde der chemisch-analytische, wie auch der physikalische Nachweis über das Vorkommen aller natürlichen Elemente in reinem Kristallsalz erbracht. Jedes natürliche Element ist nicht nur an den biochemischen Wechselwirkungen im Organismus nachweislich beteiligt, sondern übt eine seinem individuellen Frequenzmuster entsprechende Resonanz als physikalische Wechselwirkung auf unseren Körper aus.

Forschungsstudie an zirka 400 freiwilligen Probanden

Um diese Erkenntnisse im praktischen Sinne zu bestätigen, wurden im Rahmen der Studie bisher zirka 400 freiwillige Probanden diagnostiziert. Davon wurden 197 Versuchspersonen kontinuierlich untersucht. Die ursprüngliche Zielsetzung der Studie bestand darin, die Wirkungen einer gezielten Wasser- und Salzanwendung auf den menschlichen Organismus festzustellen. Alle beteiligten Probanden wurden gebeten, täglich zwei Liter eines biophysikalisch wertvollen und natürlichen Quellwassers in Kombination mit einem Teelöffel natürlich kristalliner Sole aus dem Himalaja Kristallsalz zu sich zu nehmen. Auch wurden die Versuchspersonen darauf hingewiesen, möglichst kein raffiniertes Kochsalz bei der Zubereitung ihrer Speisen zu verwenden, sondern sollten in diesem Fall auch auf Kristallsalz zurückgreifen. Die kontinuierlich überwachten Probanden wurden monatlich diagnostiziert, alle weiteren freiwilligen Versuchspersonen wurden teilweise nur sporadisch untersucht. Die Wichtigkeit der Studie bestand in der kontinuierlichen Anwendung von Wasser und Salz für mindestens drei Monate. Ernährungsgewohnheiten wurden bei einem Teil der Probanden bewusst nicht verändert, da diese sonst möglicherweise zu falschen Rückschlüssen der Untersuchungsergebnisse geführt hätten. Die Wirkung von Wasser und Salz auf den Organismus wurde mit biophysikalischen Untersuchungen ermittelt.

Biophysikalische Untersuchungen mittels Segmentardiagnostik (IMEDIS)

Die biophysikalischen Untersuchungen wurden mit dem Expertensystem IMEDIS durchgeführt. Das Expertensystem IMEDIS erlaubt, sowohl den primären Zustand der Homöostase als auch eine sofortige Reaktion des Körpers auf die veränderten Umwelteinflüsse zu erfassen. Für die Diagnoseerstellung der Körperreaktionen auf einen oder mehrere Umweltfaktoren erfolgten die Messungen in der so genannten „neutralen" Umwelt. Das Ergebnis dieser Referenzmessungen dient als Vergleichsbasis für die Messungen der Körperfunktionskreise auf die veränderten Situationen. Die Messungen wurden nach dem Verfahren der biofunktionellen Organometrie und nach dem Verfahren der Segmentardiagnostik durchgeführt. Getestet wurde die informationsenergetische Wirkung auf die Homöostase (biofunktionelles Regulationsverhalten) des menschlichen Organismus.

Die Messergebnisse der Organometrie auf die informationsenergetischen Auswirkungen der natürlichen Wasser- und Salzanwendungen auf die Homöostase bestätigen eindeutig die positive und unterstützende Wirkung durch eine fortschreitend kontinuierliche Abnahme der Abweichungsfaktoren. Tief gehenden Aufschluss über die informationsenergetischen Zusammenhänge zwischen dem verwendeten Wasser und der kristallinen Sole aus dem Himalaja Kristallsalz auf das Regulationsverhalten der Homöostase der untersuchten Probanden gibt die Analyse der biofunktionellen Segmentardiagnostik bzw. die organbezogene Diagnostik sowie die Reaktionen des vegetativen Nervensystems.

Durch die Diagnostik können herrschende pathologische und präpathologische Tendenzen sowie funktionelle Störungen und physiologische Spannungen ermittelt werden. Alle bisherigen Untersuchungen konnten eindeutig bestätigen, dass ursprünglich festgestellte Organdysfunktionen (Über- oder Unterfunktionen) sich ausnahmslos und kontinuierlich durch die Wasser- und Salzanwendungen im Laufe der Zeit und je nach symptomatischem Zustand der Versuchspersonen zum natürlichen Ursprungszustand ausgleichen. Dies bestätigt die regulierende Neutral- und Ausgleichskraft der verwendeten kristallinen Sole. Da das vollständige Studienergebnis in seinem Umfang den Rahmen dieses Buches sprengen würde, werden die vollständigen Ergebnisse nach Abschluss der Studie zum Ende des Jahres 2001 gesondert veröffentlicht. Interessanterweise sei hier jedoch anzuführen, inwieweit sich bei untersuchten Probanden der diagnostische Unterschied zwischen der Einnahme von Kochsalz als Sole und der Einnahme von Kristallsalz als Sole darstellt. Anhand der abgebildeten Grafiken soll verdeutlicht werden, inwieweit der menschliche Organismus auf die unterschiedliche Verwendung von Salz direkt und unmittelbar reagiert. Die abgebildeten Grafiken der Segmentardiagnostik verdeutlichen die Dysfunktionen der Organe und des sympathischen Nervensystems.

Bei diesen Untersuchungen wurden jeweils Patienten im Ist-Zustand gemessen *(Abb. 1 und 2 siehe vordere Umschlagklappe)* und in Folge deren Veränderungen auf die Einnahme von Kochsalzlösung *(Abb. 3 und 4 siehe vordere Umschlagklappe)*, bzw. Kristallsalzsole aus dem Himalaja *(Abb. 5 und 6 siehe vordere Umschlagklappe)*. Dabei wurde den Versuchspersonen zuerst jeweils ein Teelöffel Kochsalzlösung verabreicht. Anhand der Grafik ist deutlich zu erkennen, wie sich die bereits bestehenden Dysfunktionen der Organe und des Nervensystems noch weiter verschlechtern und der Proband in ein Energiedefizit gelangt. Die Einnahme der Kochsalzlösung führt dazu, dass der Organismus Energie aufwenden muss, um dieses raffinierte Produkt zu neutralisieren bzw. wieder auszuscheiden *(Abb. 3 und 4 siehe vordere Umschlagklappe)*. Im direkten Anschluss (innerhalb einer Stunde) wurde den Versuchspersonen ein

Teelöffel Kristallsalzsole aus dem Himalaja verabreicht. Die darauf folgende Diagnose zeigt deutlich, wie nicht nur das durch die Kochsalzlösung entstandene Energiedefizit ausgeglichen wird, sondern darüber hinausgehend sich auch die ursprünglich bereits vorhandenen Dysfunktionen im Organismus anfangen auszugleichen *(Abb. 5 und 6 siehe vordere Umschlagklappe)*. Diese Untersuchungen wurden bei den Probanden im Zeitraum von zwei Stunden durchgeführt und verdeutlichen die unmittelbare Wirkung im Negativen durch die Einnahme von Kochsalz wie auch die unmittelbar positive Wirkung der Kristallsalzsole.

Bilder zur IMEDIS-Studie siehe vordere Umschlagklappe

Essigversuch mit Kochsalz und Kristallsalz

Anhand des Essigversuches können Sie diese Wirkung zu Hause verdeutlichen. Nehmen Sie jeweils zwei Gläser und füllen diese etwa 3 cm hoch mit Essig. Danach geben Sie etwa zwei bis drei Esslöffel Kochsalz in das eine Glas, und die gleiche Menge feines Kristallsalz in das andere Glas. Während das Kristallsalz ohne sichtbare Reaktion direkt auf den Grund des Glases sinkt und dabei einen Neutralzustand einnimmt, fängt es in dem anderen Glas an zu schäumen. Dabei werden aggressive Chlorwasserstoffgase frei.

Ähnlich ist die Reaktion Ihres Körpers. Genau wie der Essig benötigen Sie nun Energie, um einen Neutralzustand herbeizuführen. Biochemisch wie auch biophysikalisch unterscheidet sich gewöhnliches Kochsalz von natürlichem Kristallsalz um genau 180 Grad. Es liegt einzig und allein an Ihnen, für welchen Wirkungsbereich Sie sich entscheiden. Einerseits Energiedefizit durch die Zufuhr von Kochsalz oder andererseits Energieerhalt durch die Zufuhr eines ganzheitlich natürlichen Kristallsalzes.

Kristallsalz fördert Ausscheidung tierischen Eiweißes

Mit einer erweiterten Probandengruppe wurden auch schulmedizinisch interessante Ergebnisse festgestellt. Alle Versuchspersonen haben täglich einen Teelöffel Kristallsalzsole zu sich genommen. Bei der Untersuchung von 123 Patienten im Zeitraum von vier Wochen konnte Frau Dr. med. Elisabeth Scherwitz-Josenhans durch Urin- und Blutuntersuchungen feststellen, dass bei mehr als 80 % aller diagnostizierten Probanden eine erhöhte Proteinausscheidung im Urin nachweisbar war. Dieses Resultat führt zu der Erkenntnis, dass durch die strukturbildende Kraft der Kristallsalzsole und der in der Sole enthaltenen Antagonisten (natürliche Gegenspieler), nicht oder nur schwer abbaubares tierisches Eiweiß wieder aus dem Körper ausgeschieden werden kann.

Qualitätsanalyse von Kristallsalz aus dem Himalaja, Meersalz und Kochsalz

Im Rahmen einer Studie der Qualitätsermittlung von Lebensmitteln auf der Basis der Kristallanalyse konnte auch Dr. Wilhelm Höfer interessante Ergebnisse ermitteln. Bei der Analyse wurde Kristallsalz aus dem Himalaja mit Kochsalz und gewöhnlichem Meersalz verglichen. Untersucht wurde das spagyrische Kristallisat, welches aus der Flüssigphase und der Festphase der Proben entnommen wurde. Die abgebildeten Kristallbilder sind aus derselben Probe jederzeit reproduzierbar und zeigen immer die den Proben typisch zugehörigen Kristallbilder. In *Bild A* wird die charakteristische Kristallbildung des Kristallsalzes aus dem Himalaja bei 400facher Vergrößerung dargestellt. Es zeigen sich schöne feine und vor allem lebendige Strukturen und weisen ein für den Gebrauch als Lebensmittel sehr gutes Produkt aus. Die Ganzheitlichkeit zeigt sich ähnlich wie die natürlich lebendigen Strukturen in der Natur. Alle enthaltenen Elemente sind interaktiv ineinander verschmolzen und nehmen einen ional kolloidalen Zustand ein. Die Kristalle sind in ihrer Bewegung durch den ionalen Aufbau nie vollständig ausgebildet und nehmen somit nicht die statische Isolierung eines unbelebten Minerals ein, wie es im Vergleichsbild von Kochsalz *(Bild B)* oder Meersalz *(Bild C)* deutlich sichtbar ist. Auffällig sind die vollständig freien Bereiche zwischen den Kristallen, die darauf hinweisen, dass in dem Kristallsalz aus dem Himalaja keinerlei belastende, unbelebte Substanzen enthalten sind. Es enthält auch keine Umweltbelastungen wie Radioaktivität, Elektrosmog oder Pestizide.

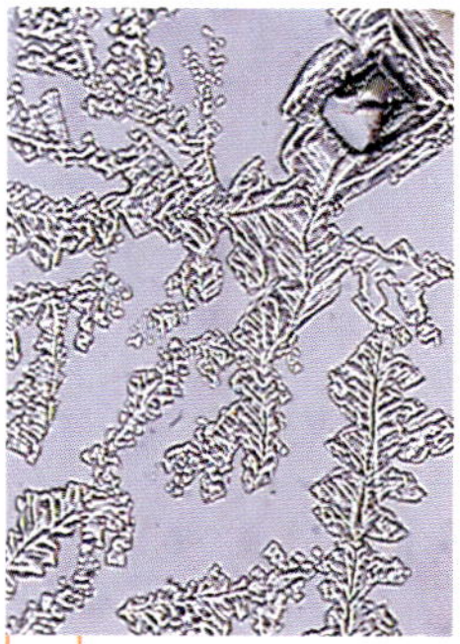

A Kristallsalz, 400fache Vergrößerung

In *Bild B*, dem reinen raffinierten Kochsalz, werden keine lebendigen Kristalle gefunden. Durch die Destrukturierung des Raffinierungsprozesses wurden die kristallinen Bestandteile völlig aus dem Zusammenhang der natürlichen Symbiose gerissen und isoliert. Diese wiederum in ein lebendiges System einzubinden ist dem Organismus nicht oder nur durch erheblichen Energieaufwand und auch nur teilweise möglich. Die Kristalle des Kochsalzes werden völlig geometrisch rechtwinklig ausgebildet und enthalten somit keine Kräfte, welche einen lebendigen Organismus unmittelbar anregen. Im Gegenteil, der Organismus benötigt viel Lebensenergie, um es zumindest teilweise für den Stoffwechsel verfügbar zu machen.

B Kochsalz, 400fache Vergrößerung

In *Bild C* sehen wir im Vergleich zu Kristallsalz aus dem Himalaja den deutlichen Unterschied zu Meersalz. Bei dem Meersalz werden vielfach rechtwinklige kubische Kristalle ausgebildet, die völlig isoliert und ohne Zusammenhang mit den feineren Formen auftreten. Die Verwendung eines solchen Salzes verlangt von dem Konsumenten einen erheblichen Energieaufwand, um es wieder beleben zu können, d. h., um es wieder in den Stoffwechsel einzubinden. In *Bild D*, Kristallsalz aus dem Himalaja bei 100facher Vergrößerung, zeigen sich die feinen pflanzenhaften Formen, welche die Lebendigkeit des Produk-

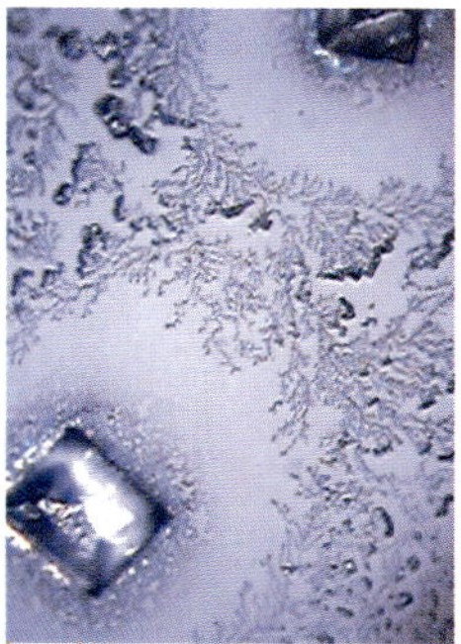

C Meersalz, 400fache Vergrößerung

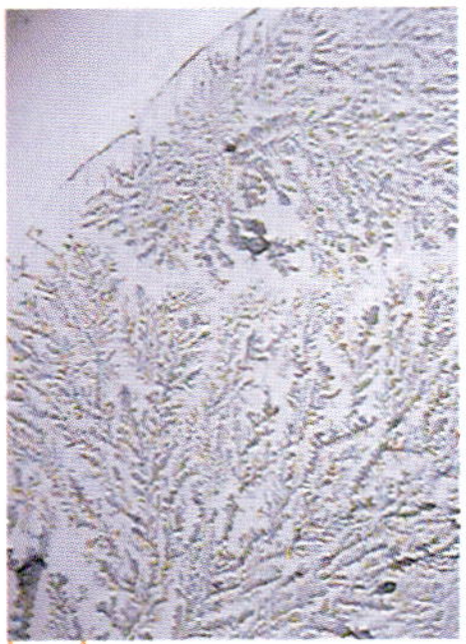

D Kristallsalz, 100fache Vergrößerung

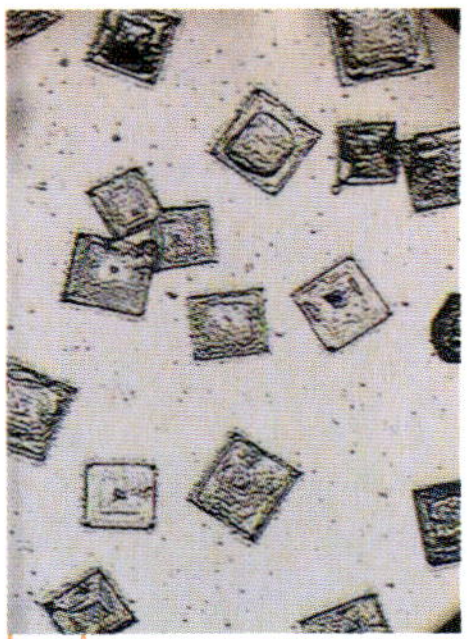

E Kochsalz, 100fache Vergrößerung

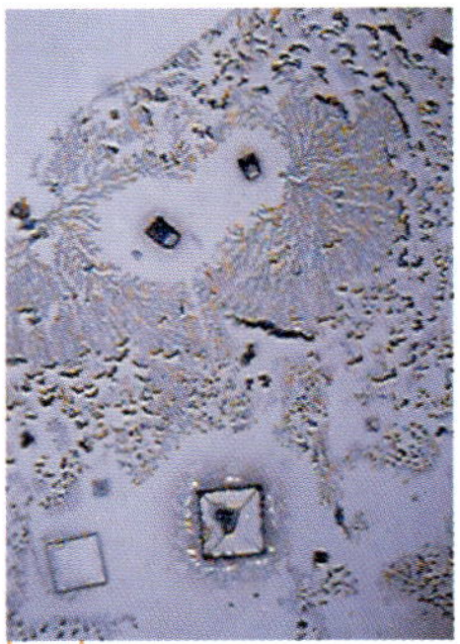

F Meersalz ,100fache Vergrößerung

tes zum Ausdruck bringen. Die gleichmäßige Kristallbildung deutet auf die harmonische Wirkung des Salzes hin.

Bild E zeigt zum Vergleich Kochsalz bei 100facher Vergrößerung, und *Bild F* Meersalz bei 100facher Vergrößerung.

Bild G zeigt im Vollbild bei 40facher Vergrößerung Kristallsalz aus dem Himalaja mit seinen fein verästelten Kristallstrukturen. Es liegen keine Verdichtungen, Verdunklungszonen oder unharmonische Randstrukturen vor. Dies bedeutet, dass die energetischen Verhältnisse ausgeglichen sind. Bei der Verwendung als Speisesalz handelt es sich somit nicht um eine mineralisch-sklerotisierende Wirkung, sondern um eine anregende, verlebendigende Wirkung.

Der Vollständigkeit halber zeigt *Bild H* Kochsalz bei 40facher Vergrößerung im Vergleich zu *Bild I* Meersalz, bei 40facher Vergrößerung.

Die Resultate der Untersuchung bestätigen die gut entwickelten, lebendigen Kristalle des Kristallsalzes aus dem Himalaja und weisen somit ein Salz aus, das starke lebensbildende Kräfte für die Organe und Nerven des Verbrauchers besitzt. Das raffinierte Kochsalz zeigt keinerlei lebendige Kristallisation, sondern ausschließlich unbelebte Kristalle. Als Lebensmittel ist es deshalb völlig ungeeignet. Das Meersalz nimmt eine Zwischenstellung ein. Es zeigt zwar strukturierte Formen, jedoch sind die salzbildenden Elemente von seinem lebendigen Umgebungsbereich isoliert. Eine ional-kolloidale Aufnahme der beteiligten Elemente ist somit nicht mehr gewährleistet.

Bestätigt wird die durch Dr. Höfer durchgeführte Analyse durch die einmaligen wissenschaftlichen Fotografien des Instituts für wissenschaftliche Fotografie. Prof. Manfred Kage ist es gelungen, durch Lichtmikroskopie sowie durch Rasterelektronenmikroskopie die Unterschiede von Kochsalz und Kristallsalz zu verdeutlichen. Bei dem Kristallsalz (*Bild K*) können wir immer bewegende fließende und somit lebendige mit der Umwelt in Resonanz stehende Strukturen erkennen. Ähnlich wie wir es von Wasser gewohnt sind, ist alles in Bewegung. Kochsalz dagegen zeigt seine unnatürlich isolierten Strukturen (*Bild L*). Wüstenähnliche Gebilde, die jeder Lebendigkeit entbehren. Ähnlich wie hier beim Kochsalz in der mikroskopischen Fotografie deutlich wird, zeigen sich rekristallisierte Ablagerungen in unserem Organismus.

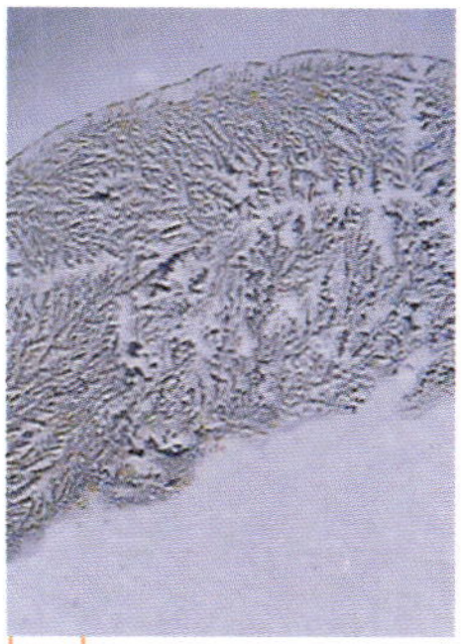

G Kristallsalz, 40fache Vergrößerung

K Kristallsalz aus dem Himalaja, 50fach vergrößert

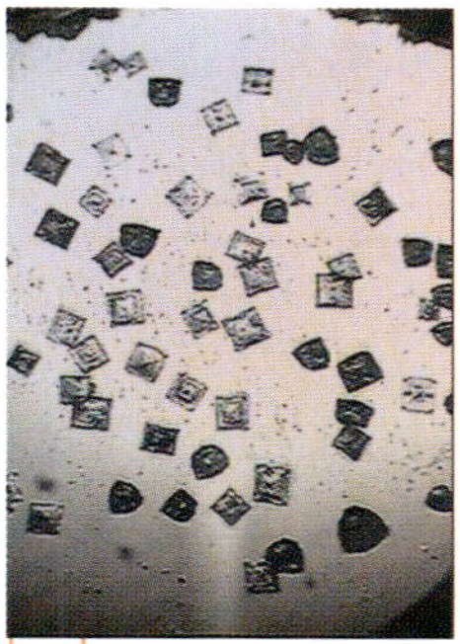

H Kochsalz, 40fache Vergrößerung

L Kochsalz, 15fach vergrößert

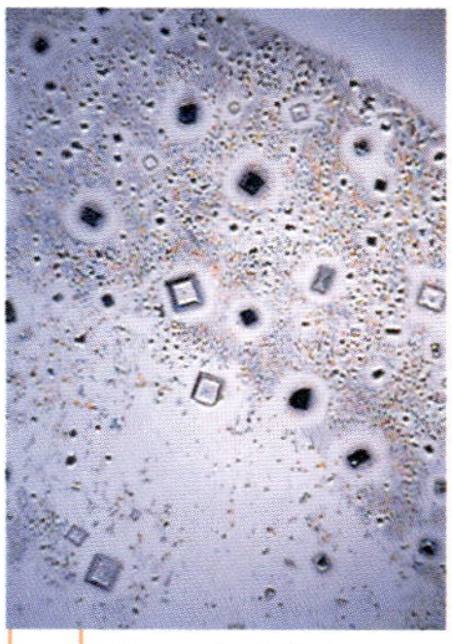

I Meersalz, 40fache Vergrößerung

Die formbildenden und strukturierenden Kräfte des natürlichen Kristallsalzes aus dem Himalaja zeigen sich auch in wunderschönen Formen bei den von Ruth Kübler durchgeführten Tropfenbildern. Als Künstlerin, die sich den wissenschaftlichen Zusammenhängen der Geometrie gewidmet hat, ist es ihr im Laufe der Jahre gelungen, durch die einzigartigen Tropfenbilder den in einer Struktur enthaltenen Informationsgehalt sichtbar zu machen. Im Vergleich zu unserer Natur sprechen diese Bilder für sich (*Bild M und N*).

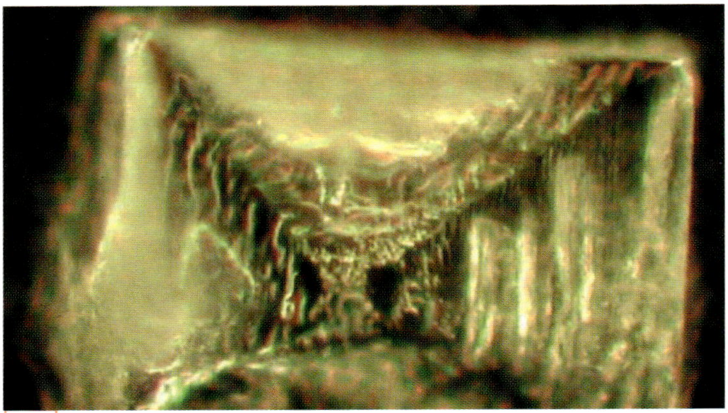

M Tropfenbild: Kristallsalz aus dem Himalaja, unverdünnt

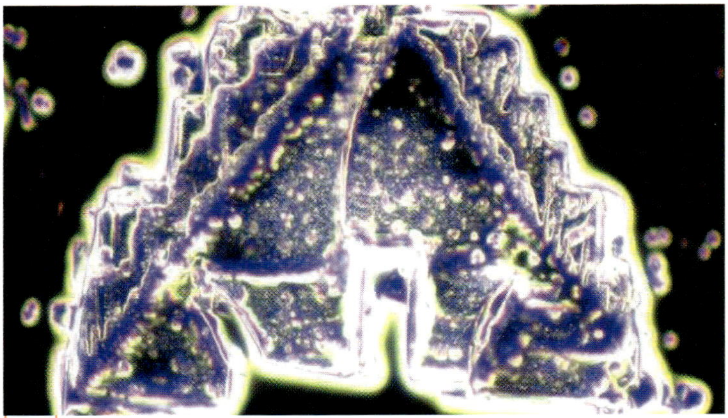

N Tropfenbild: Meerwasser aus der Antarktis

Zusammenfassendes Analysezertifikat der natürlichen Kristallsalze aus dem Himalaja
Institute of Biophysical Research, Las Vegas, Nevada, USA
Juni 2001

Ursprünglich wurden in der Analyse chemisch-analytisch wie auch physikalisch alle Elemente bis zur Ordnungszahl 90 berücksichtigt. Diese umfangreiche Kristallsalzanalyse vom 12. Oktober 2000 wurde im frequenzspektroskopischen Versuch dahingehend erweitert, alle natürlichen Elemente bis zur Ordnungszahl 94 zu berücksichtigen. Bei der Untersuchung wurden alle natürlich stabilen wie auch natürlich instabilen Isotope berücksichtigt. Instabil künstliche Isotope wurden nicht berücksichtigt.

Element		Ordnungszahl	Ergebnis	Analyseverfahren
Wasserstoff	H	1	0,30 g/kg	DIN
Lithium	Li	3	0,40 g/kg	AAS
Beryllium	Be	4	<0,01 ppm	AAS
Bor	B	5	<0,001 ppm	FSK
Kohlenstoff	C	6	<0,001 ppm	FSK
Stickstoff	N	7	0,024 ppm	ICG
Sauerstoff	O	8	1,20 g/kg	DIN
Fluorid	F-	9	<0,1 g/kg	Potentiometrie
Natrium	Na+	11	382,61 g/kg	FSM
Magnesium	Mg	12	0,16 g/kg	AAS
Aluminium	Al	13	0,661 ppm	AAS
Silicium	Si	14	< 0,1 g/kg	AAS
Phosphor	P	15	<0,10 ppm	ICG
Schwefel	S	16	12,4 g/kg	TXRF
Chlorid	Cl-	17	590,93 g/kg	Gravimetrie
Kalium	K+	19	3,5 g/kg	FSM
Calcium	Ca	20	4,05 g/kg	Titration
Scandium	Sc	21	<0,001 ppm	FSK
Titan	Ti	22	<0,001 ppm	FSK
Vanadin	V	23	0,06 ppm	AAS
Chrom	Cr	24	0,05 ppm	AAS
Mangan	Mn	25	0,27 ppm	AAS
Eisen	Fe	26	38,9 ppm	AAS
Kobalt	Co	27	0,60 ppm	AAS
Nickel	Ni	28	0,13 ppm	AAS
Kupfer	Cu	29	0,56 ppm	AAS
Zink	Zn	30	2,38 ppm	AAS
Gallium	Ga	31	<0,001 ppm	FSK
Germanium	Ge	32	<0,001 ppm	FSK
Arsen	As	33	<0,01 ppm	AAS
Selen	Se	34	0,05 ppm	AAS
Brom	Br	35	2,1 ppm	TXRF
Rubidium	Rb	37	0,04 ppm	AAS

Element		Ordnungszahl	Ergebnis	Analyseverfahren
Strontium	Sr	38	0,014 g/kg	AAS
Yttrium	Y	39	<0,001 ppm	FSK
Zirkonium	Zr	40	<0,001 ppm	FSK
Niob	Nb	41	<0,001 ppm	FSK
Molybdän	Mo	42	0,01 ppm	AAS
Technetium	Tc	43	instabil künstliches Isotop – nicht berücksichtigt	
Ruthenium	Ru	44	<0,001 ppm	FSK
Rhodium	Rh	45	<0,001 ppm	FSK
Palladium	Pd	46	<0,001 ppm	FSK
Silber	Ag	47	0,031 ppm	AAS
Cadmium	Cd	48	<0,01 ppm	AAS
Indium	In	49	<0,001 ppm	FSK
Zinn	Sn	50	<0,01 ppm	AAS
Antimon	Sb	51	<0,01 ppm	AAS
Tellur	Te	52	<0,001 ppm	FSK
Jod (Iodid I-)	J	53	<0,1 g/kg	Potentiometrie
Caesium	Cs	55	<0,001 ppm	FSK
Barium	Ba	56	1,96 ppm	AAS/TXRF
Lanthan	La	57	<0,001 ppm	FSK
Cer	Ce	58	<0,001 ppm	FSK
Praseodym	Pr	59	<0,001 ppm	FSK
Neodym	Nd	60	<0,001 ppm	FSK
Promethium	Pm	61	instabil künstliches Isotop – nicht berücksichtigt	
Samarium	Sm	62	<0,001 ppm	FSK
Europium	Eu	63	<3,0 ppm	TXRF
Gadolinium	Gd	64	<0,001 ppm	FSK
Terbium	Tb	65	<0,001 ppm	FSK
Dysprosium	Dy	66	<4,0 ppm	TXRF
Holmium	Ho	67	<0,001 ppm	FSK
Erbium	Er	68	<0,001 ppm	FSK
Thulium	Tm	69	<0,001 ppm	FSK
Ytterbium	Yb	70	<0,001 ppm	FSK
Lutetium	Lu	71	<0,001 ppm	FSK
Hafnium	Hf	72	<0,001 ppm	FSK
Tantal	Ta	73	1,1 ppm	TXRF
Wolfram	W	74	<0,001 ppm	FSK
Rhenium	Re	75	<2,5 ppm	TXRF
Osmium	Os	76	<0,001 ppm	FSK
Iridium	Ir	77	<2,0 ppm	TXRF
Platin	Pt	78	0,47 ppm	TXRF
Gold	Au	79	<1,0 ppm	TXRF

Element		Ordnungszahl	Ergebnis	Analyseverfahren
Quecksilber	Hg	80	<0,03 ppm	AAS
Thallium	Tl	81	0,06 ppm	AAS
Blei	Pb	82	0,10 ppm	AAS
Wismut	Bi	83	<0,10 ppm	AAS
Polonium	Po	84	<0,001 ppm	FSK
Astat	At	85	<0,001 ppm	FSK
Francium	Fr	87	<1,0 ppm	TXRF
Radium	Ra	88	<0,001 ppm	FSK
Actinium	Ac	89	<0,001 ppm	FSK
Thorium	Th	90	<0,001 ppm	FSK
Protaktinium	Pa	91	<0,001 ppm	FSK
Uran	U	92	<0,001 ppm	FSK
Neptunium	Np	93	<0,001 ppm	FSK
Plutonium	Pu	94	<0,001 ppm	FSK

Zusätzlich analysierte Elementeverbindungen:			
Wassergehalt	H2O	1,5 g/kg	DIN
Ammonium	NH4+	0,010 ppm	Photometrie
Nitrat	NO 3-	0,09 ppm	Photometrie
Phosphat	PO4 3-	<0,10 ppm	ICG
Hydrogencarbonat	HCO3-	<1,0 g/kg	Titration

Die Edelgase Helium-He - 2, Neon-Ne - 10, Argon-Ar - 18, Krypton-Kr - 36, Xenon-Xe - 54 und Radon-Rn - 86 konnten bei der Untersuchung nicht berücksichtigt werden. Viele Elemente waren mit den üblichen chemisch-analytischen Analysemethoden nicht mehr nachweisbar. Durch die Übertragung der Frequenzmuster im WAVE-TRANSFER konnten dessen Schwingungsmuster durch die Frequenzspektroskopie jedoch nachgewiesen werden. Das Vorhandensein der Elemente im Bereich kleiner als <0,001 ppm ist somit bestätigt. Die ermittelten Analyseergebnisse bestätigen zusammenfassend die Ganzheitlichkeit des untersuchten Kristallsalzes. Der Natriumchloridgehalt beträgt 97,41 Prozent und erfüllt somit den derzeit weltweit gültigen Standard des Codex Alimentarius für Speisesalz.

G/KG – Gramm pro Kilogramm
DIN – gültiges DIN-Normverfahren
ICG – Ionenchromatographie
AAS – Atomabsorptionspektrometrie
TXRF – Totalreflexions-Röntgenfluoreszenz-Spektrometrie
PPM – Parts per Million
FSM – Flammenspektrometrie
FSK – Frequenzspektroskopie

Die

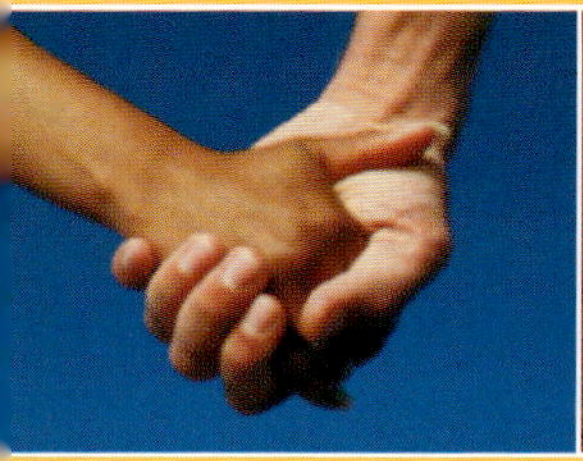

Sole

Symbiose der Lebendigkeit

Sole ist die Ursuppe des Lebens, der Ursprung jeglicher Lebendigkeit

Die Elemente Wasser und Salz dürften für Sie mittlerweile einen anderen Stellenwert eingenommen haben. Mit der Bildung des notwendigen Bewusstseins können Sie die Dinge jetzt aus einem neuen Blickwinkel betrachten. Alle Lebensvorgänge in unserem Universum, vom Makrokosmos bis in den Mikrokosmos, stehen in einem direkten Bezug zu den Energiepotenzialen, die bei der Berührung von Wasser mit Salz entstehen. Die so genannten Hydratationsenergien wirken bei Wasser und Salz implosiv (temperaturvermindernd), dem aufbauenden Gesetz der Natur entsprechend.
Das Gemisch aus Wasser und Salz, die so genannte Sole, ist die Ursuppe des Lebens und der flexibel physische Repräsentant reinster Sonnen- bzw. Lichtenergie. Nicht umsonst stammt das Wort vom lateinischen „Sol" (Sonne), denn Sole ist nichts anderes als die flüssige Materialisierung des Sonnenlichts. Sole bedeutet so viel wie „Flüssiges Sonnenlicht" oder verflüssigte Lichtenergie.

Sole – ein Energiemeer

Bei der Verbindung von Wasser und Salz umgeben sich die positiven Ionen des Salzes mit den negativen Polen der Wassermoleküle und die negativen Ionen des Salzes mit den positiv polarisierten Teilen der Wassermoleküle. Die Ionen werden hydratisiert. Dabei verändert sich die geometrische Struktur des Wassers und des Salzes. Es entsteht etwas ganz Neues, eine

Durch das Zusammenführen von Wasser und Salz entsteht Leben

dritte Dimension – das Wasser ist jetzt kein Wasser mehr und das Salz kein Salz mehr. Die Elemente haben sich aus ihren Beschränkungen befreit, durch resonante Wirkung ihre Polaritäten aufgegeben und eine neue, höhere Energieform erreicht. Erst durch Bewusstwerdung, dem bewussten Erkennen, sind wir bereit und in der Lage, unsere Polarität aufzugeben und loszulassen. Durch dieses Aufgeben der Polarität kehren wir in die Einheit der Elemente zurück. Genau das geschieht, wenn sich Wasser und Salz verbinden. Durch die Bereitschaft des Wassers, seine Identität aufzugeben, ist es in der Lage, das Salz aus seiner Materienhaftigkeit zu befreien, die Gitterkräfte zu überwinden und Natrium von Chlorid zu trennen. Beide Elemente werden ionisiert und so der darin gespeicherte Energie- bzw. Informationsgehalt freigesetzt. Für den gleichen Vorgang ohne Wasser bräuchten wir einen Schmelzofen mit 800 Grad Hitze.

Von der Intelligenz der Atome und des Menschen

Je weiter man Materie in ihre Bestandteile zerlegt, desto potenzierter wird – physikalisch betrachtet – ihr Frequenzspektrum. So weist ein Atomkern ein messbar höheres Frequenzspektrum auf als das Atom selbst. Ein Element wiederum hat ein messbar höheres Frequenzspektrum als ein Molekül. Ein Molekül zeigt deutlich höhere Frequenzmuster als die Zelle, diese wiederum deutlich mehr als das Organ. Da in diesem Falle Energie als Information mit Intelligenz gleichzusetzen ist, kommen wir unweigerlich zu dem Schluss, dass jedes Atom um ein Vielfaches intelligenter ist als die daraus zusammengesetzte Materie. Die einzelne Zelle ist beispielsweise intelligenter als das gesamte Organ.

Der Mensch als Summe der Elemente, Zellen und Organe, aus denen er besteht, ist also weniger intellegent, als jedes einzelne seiner Organe oder Zellen. Das könnte erklären, warum unsere Organe über einen Selbstschutz verfügen, um sich etwa gegen eine falsche Ernährung unsererseits zu wehren. Der Blick auf eine Schwingungsfrequenzskala verdeutlicht den Zusammenhang:

Atomkern	10^{22} Hertz
Atom – Element	10^{15} Hertz
Molekül	10^{9} Hertz
Zelle	10^{3} Hertz
Organ	10^{2} Hertz
Mensch (Körper)	8 bis 10 Hertz

Die Skala zeigt, dass Wasser als Molekül über eine viel höhere Intelligenz als der Mensch verfügt. Der Intelligenzgrad eines jeden Einzelnen ist wiederum weitaus höher einzustufen als der des Staates als Summe seiner Bürger. Das erklärt möglicherweise auch so manche mit klarem Menschenverstand nicht mehr nachvollziehbare Entscheidung des Gesetzgebers.

Die Entstehung von Leben

In der kristallinen Sole sind alle Elemente enthalten, Leben entstehen zu lassen

Nach der Entstehung der Erde dauerte es rund 3 bis 4 Milliarden Jahre, bis durch das Wechselspiel von Sonne, Wasser und Salz das erste Leben entstanden ist. Der Mensch ist sich meist seiner Herkunft aus dem Meer nicht mehr bewusst, aber betrachtet man eine Samenzelle, dann stellt man fest, dass diese aus bis zu 99 Prozent Wasser und einem Prozent Salz besteht. So gesehen ist eine Samenzelle, der Beginn eines neuen menschlichen Lebens, nichts anderes als Urmeerwasser. Den wissenschaftlichen Beweis für die Entstehung von Leben aus dem Meer erbrachte der amerikanische Chemiker Stanley Miller, als er den Nachweis erbrachte, dass elektrische Ladungen, die er einer Sole ausgesetzt hatte, bereits nach einigen Tagen zur Ansammlung von Aminosäuren und biologisch organischen Verbindungen führten.

Es ist faszinierend, aber nicht ganz richtig, festzustellen, dass praktisch aus dem „Nichts" Leben entsteht. Vielmehr sollte man davon fasziniert sein, dass aus dem „Alles" Leben entstand. Denn in einer natürlichen kristallinen Sole sind alle Elemente enthalten, die auf der Erde vorkommen. Unser Körper besteht aus den gleichen Elementen wie Wasser und Salz, ja sogar das Konzentrationsverhältnis entspricht dem der Urmeere. Selbst

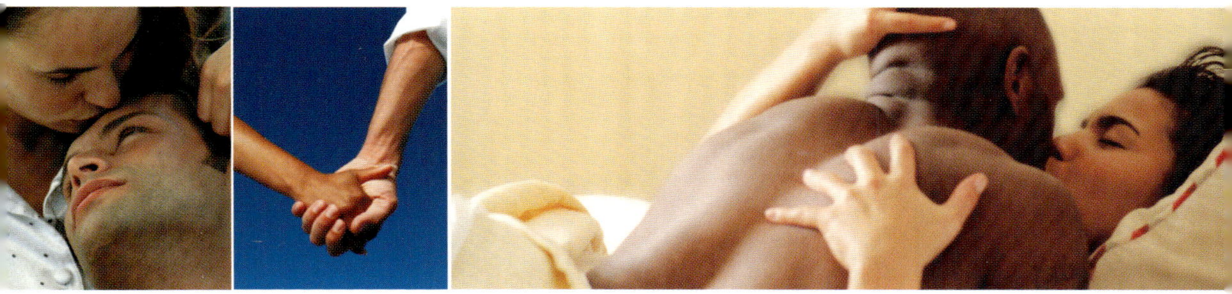

unser Blut entspricht einer mit dem Urmeerwasser identischen Wasser-Salz-Lösung.

Die Zeugung – Hoch-Zeit der Menschheit

Die Entstehung von Sole aus Wasser und Salz ähnelt dem Vorgang, der sich bei der Zeugung menschlichen Lebens abspielt. Denn so wie das Wasser und das Salz bereit sind, ihre jeweilige Identität zu opfern, um eine höhere Dimension zu erreichen, so kann neues Leben erst durch die Verschmelzung zweier verschiedener Polaritäten – der Samen- und der Eizelle – entstehen. Beide geben sich auf, um etwas Neues zu schaffen. Wahrhaft ein Akt bedingungsloser Liebe, der höchsten Potenzialkraft unseres Daseins.

Chemiker bezeichnen einen Vorgang, bei dem unterschiedliche Elemente mit gleicher Frequenz bei gleicher Polarität aufeinander treffen, als „Molekül-Hoch-Zeit“. Es entsteht eine resonante Wirkung. Die Energie bleibt nicht nur erhalten, sondern potenziert sich in eine neue Dimension – neues Leben entsteht. Geschieht dieser Vorgang bei uns Menschen, dann nennen wir ihn die „Hochzeit“. Wenn bei dieser Hoch-Zeit unsere individuellen Polaritäten bereit sind, sich für

einen höheren Bewusstseinsgrad aufzugeben, dann potenzieren sich unsere Energien mit implosiver Wirkung in eine neue, höhere Dimension des Bewusstseins. Der inneren Ethik folgend, nicht nur Leben zu erhalten, sondern neues Leben zu schaffen.

Das Erreichen des Allbewusstseins

Die uns innewohnenden Kräfte der Geschlechter (Geschlechtstrieb) ziehen sich gegenseitig an (sexuelle Anziehungskraft) wie zwei Magneten. Der innere Wunsch zur Erfüllung, diese „Hochzeit" der Menschheit zu erleben, steckt in uns. Beide Polaritäten streben danach, sich der mathematischen Gesetzmäßigkeit des Ausgleichs von „Plus" und „Minus" folgend und durch ihre elektromagnetische Anziehungskraft angezogen, in resonanter Wirkung zu verbinden.

Unserem intuitiven Wissen folgend, sind wir durch unsere bedingungslose Liebe bereit, in die höhere Dimension des Erlebens außerhalb unserer Polarität einzutreten. Schritt für Schritt werden sich die geistigen Wellenlängen der sich aufbauenden Energien auf unseren körperlichen Rhythmus übertragen. Gefühlvoll wird die männlichgebende Kraft mit der weiblich empfangenden Kraft verschmelzen. Auf der Bewusstseinsebene, in die wir befreit von unseren Polaritäten eindringen, erleben wir für Momente höchste Glücksgefühle in einem Zustand völlig frei von Raum und Zeit. Dieses Erlebnis bezeichnen wir als einen geistigen wie auch körperlichen Orgasmus. Unsere Energien ergießen sich bedingungslos. Während dieser Momente erleben wir die göttliche Einheit und erreichen den Zustand des All-Bewusstseins. Durch die bedingungslose Liebe haben sich zwei Polaritäten mit gleicher Wellenlänge gegenseitig ergänzt. Keiner hat sich für den anderen aufgegeben, sondern beide gemeinsam für das Ziel der Bewusstwerdung.

Wenn zwei Menschen sich verstehen, „liegen sie auf einer Wellenlänge“

Die Polarität überwinden

Viele Menschen sind jedoch so tief in ihrer Polarität verwurzelt, dass es ihnen schwer fällt, die eben beschriebene Hoch-Zeit der Menschheit geistig nachvollziehen, geschweige denn wirklich erleben zu können. Die aufbauende Kraft der sexuellen Anziehung wird von vielen nur destruktiv erlebt. Statt Energien zu neuen Dimensionen zu heben und bewusst zu werden, verschwenden viele ihre höchste Potenzialkraft, weil sie sich nicht aus der Materienhaftigkeit ihrer Polarität befreien können.
Die tierischen Begierden überwiegen die göttlichen Tugenden. Müde und ausgelaugt, sich selbst ihrer Energien beraubt, müssen sich viele erst wieder erholen, um dann, einem unbewussten Instinkt folgend, das gleiche Schicksal zu erleben. Die Schuld schieben sie dann gerne auf die anderen. Ständig versuchen sie, der Polarität entsprechend, zwischen Gut und Schlecht zu werten. Sie betrachten nur die äußeren Dinge des Daseins und beginnen zu kämpfen.

Wasser lässt sich nicht greifen – es ist weich und doch kann es den härtesten Stein lösen

In der Polarität sind wir es gewohnt, ständig für die eine oder andere Sache zu kämpfen. Machtspiele im Beruf wie auch im Privatleben zehren an unseren Kräften und rauben uns unsere Energie. Gegen jede Krankheit wollen wir immer gleich kämpfen. Ohne zu erkennen, dass jeder Kampf ein sinnloser Kampf ist, denn Widerstand erzeugt automatisch Gegenwiderstand. Dennoch rechtfertigen wir unseren Kampf, da wir ja im Recht sind und nur gegen das Negative kämpfen. Unserer Polarität entsprechend ergreifen wir Partei für die eine oder andere Seite. Ohne Nutzen verschwenden wir unsere Energien. Und so wird selbst der Sieger am Ende nur Verlierer sein.

Wollen wir unser Bewusstsein erweitern, müssen wir unsere Polarität überwinden

Von den Elementen lernen

Ein Blick auf die Elemente lohnt sich auch hier. Wasser ist so weich und doch so hart. Immer entwischt es uns, nie können wir es greifen. Wenn wir es schlagen, gibt es sofort nach, und dennoch kann es den härtesten Stein auflösen. Es will lösen, weil es sich verbinden will – eins werden mit allem. Wir können so viel von diesen einfachen Elementen lernen: Zu verstehen, dass wir uns zuerst von unserem polaren Denken befreien müssen. Zu erkennen, dass der Begriff „positiv" nicht unbedingt mit „gut" gleichzusetzen ist, genauso wie der Begriff „negativ" nicht immer nur „schlecht" bedeutet. Die Begriffe stellen vielmehr unsere Polaritäten dar, an die wir ständig gebunden sind.
Bei der Konfrontation mit diesen Polaritäten – im positiven, wie im negativen Sinne – ist es fehl am Platz, diese Zustände als „gut" oder „schlecht" zu bewerten. Die Konfrontation dient vielmehr dazu, sich durch den Gegensatz seiner eigenen Polarität bewusst zu werden und durch den Ausgleich ein höheres Bewusstsein zu erreichen. In der Mathematik gleichen sich plus und minus harmonisch aus und bekämpfen sich nicht gegenseitig. Nicht „entweder oder", sondern „sowohl als auch" ist das herrschende Prinzip.

Krankheit als Freund verstehen

Sehen Sie Krankheit als Chance, um eine notwendige Veränderung einzuleiten

Erkennen Sie wieder, dass in jedem Nachteil der Keim eines viel größeren Vorteils steckt. So können Sie lernen, Krankheit als Freund zu verstehen, eigentlich als besten Freund, den Sie haben können. Er ist nämlich der einzige, der uns ehrlich informiert, wenn wir etwas falsch gemacht haben. Dieser Freund will Ihnen nur helfen, bewusst zu werden. Unterdrücken Sie ihn nicht. Lassen Sie ihn sprechen, und lernen Sie seine Sprache, damit Sie gemeinsam ihre Informationen austauschen können. Erkennen Sie wieder, dass es für Veränderungen nie zu spät ist. Zu spät ist es nur, wenn man nicht mehr handelt, weil man meint, dass es zu spät ist. Lassen Sie uns nach diesem philosophischen Ausflug zurückkehren zu Wasser und Salz. Wir haben gelernt, dass sowohl für unseren Körper als auch für unser Bewusstsein Wasser und Salz lebensnotwendig sind. Jedes einzelne Element des Salzes hat sein eigenes Schwingungsmuster, und die gleichen Schwingungsmuster finden wir in unserem Körper wieder. Nun haben wir Krankheit als Defizit an Energie definiert. Daraus folgt logischerweise, dass wir mit Salz genau das Schwingungsmuster bekommen können, das uns fehlt.

Die Entstehung von Leben

Bei der Verbindung von Wasser und Salz entsteht eine neue Dimension – die Sole.

Atome besitzen ein höheres Frequenzmuster und somit eine größere Energie = Information = Intelligenz als Moleküle, Zellen, Organe oder der Mensch.

Alles Leben entstand im Urmeer aus den Elementen Wasser und Salz.

Verstehen Sie Krankheit als Freund, der Ihnen zeigt, dass Sie etwas verändern müssen.

Die heilende Wirkung von Sole

Die kristalline Struktur von Salz als Sole wirkt so nachhaltig, dass sein Schwingungsmuster über 24 Stunden in unserem Körper aufrechterhalten werden kann. Mit der Sole kann man sich genau das Schwingungsmuster vermitteln, das unserem Körper bei Krankheit fehlt. Dabei kommt es nicht auf die Menge an, denn in der Biophysik zählt Qualität, nicht Quantität. Wichtig ist also die Qualität des Salzes, aus dem die Sole hergestellt wird.

Nehmen Sie jeden Morgen einen kleinen Teelöffel Sole mit einem Glas natürlichem Quellwasser vermischt auf nüchternen Magen zu sich. Es kommt nicht so sehr auf die Menge, sondern auf die Regelmäßigkeit der Einnahme an. Biochemisch betrachtet wird innerhalb von Minuten die Magen-Darm-Tätigkeit (Peristaltik) angeregt. Das wiederum regt den Stoffwechsel und die Verdauung an. Der Elektrolythaushalt wird aufgebaut und dadurch die Leitfähigkeit im Körper verbessert, was sich wiederum positiv auf den Kreislauf auswirkt. Mit Salz kann der Strom wieder fließen.

Bei der Sole-Trinkkur zählt nicht die Quantität, sondern die Qualität des verwendeten Salzes

Sole wirkt ausgleichend

Auch beim Bluthochdruckpatienten ist im Gegensatz zum schädlichen Kochsalz Sole nicht verboten. Denn Sole senkt den Blutdruck innerhalb von 15 Minuten. Dabei ist Sole kein blutdrucksenkendes Mittel, denn auch derjenige, der an niedrigem Blutdruck leidet, kann Sole trinken und damit seinen Blutdruck erhöhen. Die Sole besitzt durch ihre Neutralitätskraft eine ausgleichende Wirkung.

Wenn Bluthochdruckpatienten geraten wird, auf Salz zu verzichten, da Salz angeblich für den erhöhten Blutdruck verantwortlich sei, dann muss hier die Frage gestellt werden, von welchem Salz die Rede ist. Denn für das Kochsalz treffen die schädlichen Wirkungen zu, nicht aber für Salz im ganzheitlichen Sinne.

Nicht die Menge, sondern das regelmäßige Trinken von Sole ist wichtig

Oft wirkt sich Salzarmut sogar negativ auf unseren Körper aus. So hat eine über vier Jahre laufende Studie aus den USA nachgewiesen, dass Menschen mit geringer Salzkonzentration im Urin viermal häufiger einen Herzinfarkt erleiden als Menschen mit normaler Salzkonzentration im Urin. Ein weiterer Versuch an Tieren, bei denen der Salzanteil im Futter reduziert wurde, ergab, dass die Tiere mit verzögertem Wachstum reagierten.

Sole für einen ausgeglichenen Säure-Basen-Haushalt

Das Kristallsalz ist in der Lage, Schwermetalle aus dem Körper zu lösen und wieder auszuscheiden

Die Sole ist auch ein hervorragendes Mittel, um den Säure-Basen-Haushalt auszugleichen. Mit Sole können Schwermetalle wie Quecksilber, Blei, Arsen, Amalgam und Kalkablagerungen aus unserem Körper geschwemmt werden. Denn das Kristallsalz ist in der Lage, Molekülverbindungen aufzubrechen. Ein einfaches Beispiel soll Ihnen dies verdeutlichen: Geben Sie in Ihren verkalkten Wasserkocher etwas 26-prozentige Sole mit Wasser verdünnt, kochen Sie die Sole kurz auf, und Sie können sehen, wie sich der Kalk wieder auflöst.

Dieser Vorgang hat nichts mit Magie zu tun, sondern ist eine einfache chemisch-physikalische Reaktion. Durch die starke Strukturierung und die ionale Wirkung des Kristallsalzes werden in einer Sole die Molekülverbindungen aufgebrochen und die Elemente einzeln hydratisiert. Bei den Entkalkungstabletten für Ihre Spülmaschine handelt es sich im Wesentlichen auch um nichts anderes als Salz. Gönnen Sie auch Ihrem Körper eine Entschlackungskur, um ihn von Gefäßverkalkungen, Schwermetallablagerungen und sonstigen Schlacken zu befreien.

Damit der Körper diese Stoffe abbauen kann, muss er sie aber zuerst wieder verstoffwechseln. Selbst nicht oder nur schwer abbaubares tierisches Eiweiß wird dank der starken Strukturbildung des Kristallsalzes im Blut nachweislich wieder vermehrt über den Urin ausgeschieden.

Erstverschlechterung bei Entschlackung

Die Wirkung von Kristallsalz auf den Organismus ist der von Medikamenten genau entgegengesetzt. Während Medikamente ein Symptom unterdrücken, wird durch das Kristallsalz das bestehende Symptom, ebenso wie das nicht spürbare, aber bereits latent vorhandene Symptom, im Körper durch Energiezufuhr regelrecht ausgelebt. Dieser Vorgang ist oft mit einer Erstverschlechterung verbunden – wie wir sie aus der Homöopathie kennen – und zwar dort, wo Sie Ihr schwächstes Organ oder Ihre krankhafte Störung haben.

Beim Aufbrechen von Ablagerungen durch die Sole kann es zu Erstverschlechterungen kommen

Bei rheumatischen Erkrankungen wie Gicht, Arthritis oder Arthrose, dort, wo sich schon Kristalle gebildet haben, sollten Sie über Monate regelmäßig täglich Sole trinken, um den Körper auf dem Frequenzmuster zu halten. Im Lauf der Zeit beginnt der Organismus, die Ablagerungen aufzubrechen, zu verstoffwechseln und wieder auszuscheiden. Das Gleiche gilt für Nieren- beziehungsweise Gallensteine. Werden die kristallinen Strukturen der Steine aufgebrochen und ausgeschieden, ist das manchmal mit schmerzhaften Koliken verbunden. Jedoch hat sich der Körper aus eigener Kraft – und ohne Operation– von seinen Steinen befreien können.

Entschlackung erfolgt rhythmisch

Da der Körper durch die Sole ausreichend Energie erhält, um sich wieder zu regenerieren, wird er sich rhythmisch entschlacken. Dies geschieht oft in Schüben. Für den Anwender oder Patienten ist eine rhythmische Entschlackung unangenehm, da er sein gesundheitliches Problem jetzt als Belastung empfindet. Dennoch ist der Körper nur auf dieser Weise in der Lage, sich von Schlacken und Giftstoffen zu trennen, die einfach nicht in den Körper gehören. Wasser und Salz räumen im Körper auf!

Haben sich aufgrund einer falschen Ernährungsweise zu viel Gärungs- und Fäulnisstoffe im Darm angesammelt, so kann es auch passieren, dass die Sole abführend wirkt. Trotzdem ist der Durchfall in einem solchen Fall, auch wenn es unangenehm ist, positiv zu bewerten. Es findet nichts anderes als die dringend notwendige Reinigung des Darmes statt.

Wie Sole bei Suchterkrankungen wirkt

Nicht nur Alkohol und Nikotin sind Suchtmittel, sondern auch denaturierte Lebensmittel wie weißer Zucker

Sogar Suchtkranke haben eine Chance, beim Entzug von einer Soletrinkkur unterstützt zu werden. Eine in Zürich durchgeführte Studie mit Heroinabhängigen hat gezeigt, dass sich das Verlangen nach der Droge während einer Soletrinkkur drastisch reduziert.

Die meisten Süchtigen glauben, dass sie von einem bestimmten Mittel abhängig sind. Sprich, der Zuckersüchtige meint, dass sein Körper im Suchtfall nach Zucker verlangt. Genau das Gegenteil ist der Fall. Wir sind süchtig oder verlangen nach den Stoffen, welche dem Mittel bei seinem Herstellungsprozess entzogen wurden. Raffinierte Produkte, wie etwa weißer Zucker, sind isolierte Verbindungen. Isolierte Nahrungsmittel, denen die Ganzheitlichkeit durch Denaturierung abhanden gekommen ist, bewirken im Körper die Aussendung von Botenstoffen. Diese verursachen das Verlangen nach den entzogenen Stoffen, um das eingenommene Nahrungsmittel verstoffwechseln zu können. Isolierte oder raffinierte Produkte sind somit grundsätzlich als Suchtmittel zu bezeichnen, da der Körper nach ihrer Einnahme nach den entzogenen Stoffen verlangt. Der Organismus merkt, dass ihm etwas fehlt, und wir werden krank – in diesem Falle abhängig. Da die Sole durch ihre strukturierende Neutralkraft auf der energetischen Ebene ausgleichend wirkt, wird ein Süchtiger, wenn er seinem Körper Sole zuführt, nicht mehr in dem Maß nach seinem Suchtmittel verlangen. Diese Beobachtung kann man beispielsweise bei zuckersüchtigen Kindern machen. Wenn Sie Ihrem Kind täglich etwas Sole ins Trinkwasser geben, werden Sie schnell erkennen, dass sein Verlangen nach dem Suchtmittel auf natürliche Weise nachlässt.

Sole – Balsam für die Haut

Sole ist auch ein wunderbares Mittel zur Behandlung von Hautkrankheiten. Auch die Schulmedizin bedient sich bei schweren Hautleiden der Therapie mit Salz. Jeder, der mit seiner Haut Probleme hat, kennt die heilende Wirkung des Meeres, insbesondere bei Neurodermitis und Psoriasis, der Schuppenflechte. Die Haut ist der Spiegel des Darms und genau wie dieser ein Ausscheidungsorgan. Mit der Sole geben Sie Ihrem Körper die Chance, sich sowohl von innen heraus als auch von außen zu reinigen. Dabei kann es häufig zu Erstverschlechterungen der Haut, aber auch zu reinigenden Durchfällen kommen. Nach diesem Entschlackungsprozess ist der Weg frei für eine gesunde Haut.

Die heilende Wirkung von Sole

Eine Soletrinkkur vermittelt dem kranken Körper das natürliche Schwingungsmuster und kann dieses über 24 Stunden aufrechterhalten.

Sole wirkt sich ausgleichend auf den Säure-Basen-Haushalt sowie auf den Blutdruck aus.

Bei rheumatischen Beschwerden und Steinbildungen hilft die Sole, die Ablagerungen aufzubrechen und auszuscheiden.

Bei Suchterkrankungen vermindert die Sole das Suchtverhalten.

Bei Hautbeschwerden reinigt die Sole von innen heraus über den Darm.

Die

Formen

Anwendungsformen von Salz

Wir haben in den letzten Kapiteln viel über den Wert und die Wirkung von Wasser und Salz erfahren. Auf den folgenden Seiten zeigen wir Ihnen nun die Vielzahl der Anwendungsformen von Wasser und Salz. Wir erklären Ihnen, wie Sie Sole richtig zubereiten, wie sie eine Trinkkur oder eine Inhalation durchführen und was Sie bei einer Spülung oder einem Solebad zu beachten haben. Darüber hinaus zeigen wir Ihnen, wie Sie aus der Naturheilkunde bekannte Anwendungen von Umschlägen über Auflagen bis hin zum Salzhemd vornehmen können. Sie erfahren, was ein Floatarium ist, wie ein Kristallsalz-Ionisator oder Salzkristall-Lampen auf Ihren Organismus wirken und wie Sie richtig damit umgehen. Auch kosmetische Anwendungen auf Solegrundlage erklären wir Ihnen in diesem Kapitel.

Wasser und Salz wirken nicht nur auf unseren Körper, sondern auch auf Geist und Seele

Bewusst den Wandel einleiten

Wenn Sie die eine oder andere Behandlung mit Sole bei sich zu Hause durchführen möchten, lesen Sie bitte nicht nur genau die Vorgehensweise, sondern versuchen Sie sich auch bewusst zu machen, dass Sie mit Hilfe der Urelemente Wasser und Salz eine Wende in Ihrem Leben einleiten können. Diese erfasst nicht nur Ihren Körper, auch wenn Sie hier die Wirkung am ehesten spüren werden, sondern auch Ihren Geist und Ihre Seele. Haben Sie Geduld, und nehmen Sie sich Zeit und Ruhe, um von innen heraus gesund zu werden oder zu bleiben. Setzen Sie sich dazu auch mit dem Phänomen der Erstverschlechterung auseinander, und informieren Sie Ihre Familie und Freunde darüber, damit Sie entsprechend unterstützt werden.

Zubereitung der Kristallsole

Geben Sie einen oder mehrere Salzkristalle in ein kleines verschließbares Gefäß, zum Beispiel ein leeres, sorgfältig gereinigtes Marmeladenglas oder ein Einweckglas. Füllen Sie das Glas mit gutem Quellwasser auf, bis die Kristalle bedeckt sind. Nach etwa einer Stunde haben sich diese so weit aufgelöst, dass eine 26-prozentige gesättigte und gebrauchsfertige kristalline Solelösung entstanden ist.

Sie werden feststellen, dass sich die Salzkristalle jetzt nicht mehr weiter auflösen. Erst wenn Sie wieder Wasser zugießen und die Solekonzentration dadurch geringer wird, beginnen die Salzkristalle sich weiter aufzulösen, bis wieder eine natürliche Sättigung der kristallinen Sole bei etwa 26 Prozent erreicht ist. Solange noch Salzkristalle in Ihrem Gefäß sind, haben Sie die Gewähr einer gesättigten kristallinen Sole. Aus dieser können Sie nun täglich die benötigte Menge entnehmen.

Die Sole kann immer wieder mit Wasser aufgefüllt werden, bis sich die Salzkristalle vollständig aufgelöst haben. Bevor Sie weitere Sole entnehmen, sollten Sie einen neuen Salzkristall in das Glas geben, damit eine 26-prozentige Konzentration der kristallinen Sole gewährleistet ist. Die Sole bedarf keiner besonderen Aufbewahrung und ist unbegrenzt haltbar. Weder Keime und Viren noch Pilze oder Bakterien haben eine Chance, sich in der Sole zu vermehren. Es handelt sich also um eine sterile Lösung.

Die so angesetzte kristalline Sole ist Ausgangssubstanz für viele Anwendungsformen, die Sie auf den folgenden Seiten finden.

Salzkristalle lösen sich in Wasser so lange auf, bis eine 26-prozentige Sole entstanden ist

Sole-Trinkkur

Bei der Sole-Trinkkur kommt es nicht so sehr auf die Solemenge an, sondern auf den Energiegehalt bzw. den Informationsgehalt, der in der Sole enthalten ist. Der Teelöffel als Maßeinheit ist daher auch mehr symbolisch zu verstehen. Biochemisch betrachtet versorgt er den Körper in Form dieser isotonen Solelösung mit der ausreichenden Menge Salz. Aus biophysikalischer Sicht hingegen reichen bereits einige Tropfen der Sole. Da sich unser Körper rhythmisch regeneriert, ist die regelmäßige und ausdauernde Kontinuität der Anwendung weitaus wichtiger als die Menge.

Das Wort „Trinkkur" ist im Prinzip falsch gewählt, denn eine Kur hat immer eine zeitliche Begrenzung. Diese Sole können Sie jedoch ein Leben lang täglich zu sich nehmen. Wenn Sie so wollen, handelt es sich also um eine lebenslange Trinkkur.

Unabhängig von der Sole-Trinkkur sollten Sie darauf achten, bei der Zubereitung der täglichen Mahlzeiten ganz auf raffiniertes Kochsalz zu verzichten. So erzielen Sie ein wirklich optimales Ergebnis mit der Trinkkur. Vielen Fertiggerichten und konservierten Nahrungsmitteln wird Kochsalz als Konservierungsmittel beigefügt. Wenn Sie auf diese nicht verzichten möchten, ist es

Bei der Sole-Trinkkur kommt es nicht so sehr auf die Menge, sondern auf die Regelmäßigkeit an

sogar ratsam, die Speisen leicht mit feinem Kristallsalz nachzusalzen, um dem Natriumchlorid wenigstens einen Teil seiner Aggressivität zu nehmen und es verträglicher zu machen.

Geben Sie einen Teelöffel Sole in ein Glas gutes Quellwasser

Anleitung zur Sole-Trinkkur

Entnehmen Sie aus dem Glas, in dem Sie die 26-prozentige Kristallsole angesetzt haben, einen Teelöffel Sole. Geben Sie diesen in ein Trinkglas und füllen Sie es mit gutem Quellwasser auf.

Die so verdünnte Solelösung trinken Sie am besten jeden Morgen nach dem Aufstehen auf nüchternen Magen. Die Anwendung kann jedoch auch auf den ganzen Tag verteilt werden. Geben Sie einen Teelöffel Sole in einen Liter Wasser und trinken diesen über den Tag verteilt.

Wer die einsetzende Entschlackung sehr heftig erlebt und als zu starke Belastung des Körpers erfährt, wendet die Soletrinkkur tropfenweise an. Hier kommt es ganz auf die individuelle Struktur eines Menschen und sein persönliches Empfinden an.

Bei Kindern und Säuglingen reichen wenige Tropfen der Sole. Je weniger salzig die Solelösung schmeckt, desto unkomplizierter ist es, sie Kindern zu verabreichen. Auch reicht es hier, wenn Sie den Mahlzeiten ein paar Tropfen Sole zugeben.

Das Schwingungsmuster von Salz in Form einer kristallinen Sole kann in unserem Körper 24 Stunden aufrechterhalten werden.

Sole-Inhalation

Das Mengenverhältnis von Salz zu Wasser sollte bei einer Inhalation wenigstens ein Prozent betragen, das entspricht zehn Gramm Salz auf einen Liter Wasser. Die Erfahrung hat jedoch gezeigt, dass besonders bei Erkrankungen der tieferen Atemwege eine höhere Konzentration von bis zu acht Prozent eine bessere Wirkung erzielt. Die Konzentration sollte allerdings immer ausgehend von einer einprozentigen Sole langsam gesteigert werden.

Anleitung zur Sole-Inhalation

Geben Sie ein bis zwei Liter Wasser in einen breiten Topf, und erwärmen Sie dieses, bis Dampf aufsteigt.

Geben Sie mindestens 20 Gramm gekörntes oder feines Kristallsalz in das Wasser. Wenn sich das Salz aufgelöst hat, halten Sie Ihr Gesicht über den heißen Dampf, so dass Sie ihn einatmen können. Dazu bedecken Sie Ihren Kopf mit einem großen Handtuch.

Inhalieren Sie den Soledampf 10 bis 15 Minuten.

Die Atmungsorgane brauchen nach der Inhalation etwa 30 Minuten, bis sich die angesammelten Giftstoffe durch Schleim- und Sekretbildung binden und anschließend abgehustet werden können.

Je nach Schwere der Erkrankung kann diese Prozedur mehrmals täglich wiederholt werden, bis die Symptome abklingen.

Sole-Spülung

Für die Nasenspülung eignen sich Nasenduschen oder Nasenspülkannen, die in jeder Apotheke erhältlich sind. In Sanitätshäusern gibt es auch Nasenkannen aus Glas. Den Nasenkannen liegen oft kleine Messlöffel bei, die das Abmessen von Salz erleichtern.

Für die Durchführung von Nasenspülungen setzen Sie eine zirka einprozentige Solelösung an. Dazu lösen Sie ein Gramm Kristallsalz in 100 Milliliter lauwarmem Wasser auf. Diese

So führen Sie die Nasenspülung richtig durch

Konzentration entspricht etwa der Salzkonzentration unserer Körperflüssigkeiten und brennt deshalb, im Gegensatz zu Süßwasser oder Meerwasser, auch nicht in der Nase.

Anleitung zur Nasenspülung

Beugen Sie sich mit dem Kopf über das Waschbecken, und setzen Sie den Schnabel der Nasenspülkanne so an, dass er mit dem Nasenloch abschließt. Den Mund halten Sie dabei geschlossen.

Dann legen Sie Ihren Kopf leicht nach vorne und neigen ihn zur anderen Seite. Durch das Heben des Zeigefingers fließt nun die Sole in das eine Nasenloch und gleichzeitig aus dem anderen wieder heraus. Denselben Vorgang wiederholen Sie nun mit dem anderen Nasenloch.

Die einprozentige Solelösung eignet sich auch als Mittel zum Gurgeln bei Schleimhautentzündungen im Mund- und Halsbereich.

Für das Augenbad gibt es in jeder Apotheke Augenbadewannen aus Glas. Setzen Sie eine rund einprozentige Solelösung aus einem Gramm Kristallsalz und 100 Milliliter lauwarmem Wasser an.

Anleitung zur Augenspülung

Bevor Sie ein Augenbad nehmen, bitte die Wimpern und Augenlider gründlich von Make-up reinigen.

Füllen Sie die Augenbadewanne mit der Solelösung, und halten Sie die Wanne so fest an Ihr Auge, dass kein Wasser auslaufen kann. (Siehe Bild A und B)

Legen Sie Ihren Kopf leicht nach hinten, so dass das Auge von der Solelösung bedeckt ist. Schlagen Sie die Wimpern mehrmals auf und zu, damit die Solelösung das Auge benetzen kann. (Siehe Bild B)

Bei geöffnetem Auge das Auge für mehrere Minuten intensiv kreisen lassen. (Siehe Bild C)

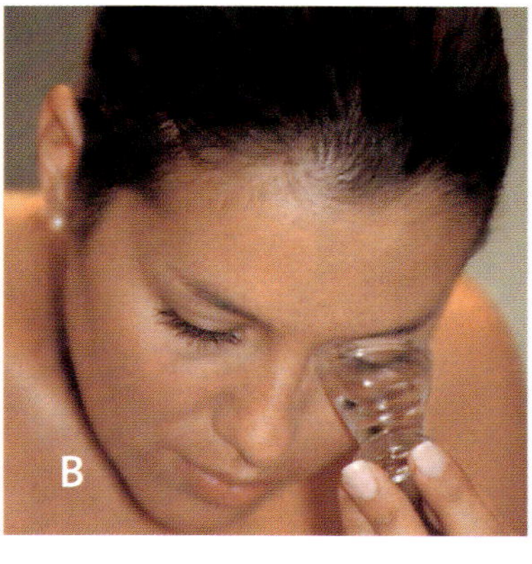

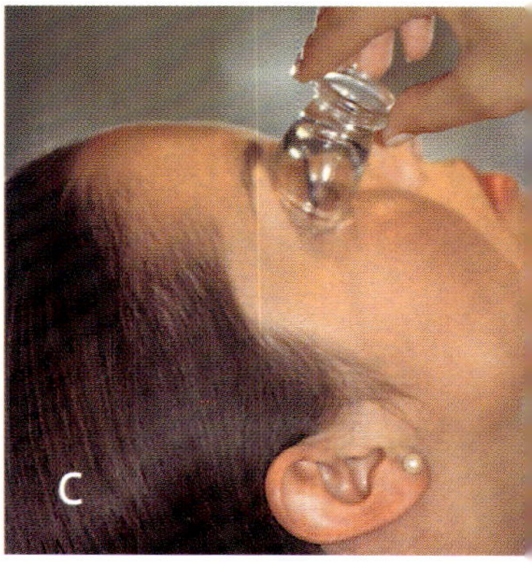

Solebad

Im Gegensatz zu einem normalen Bad, bei dem der Haut Feuchtigkeit entzogen wird, lagert sich beim Solebad Salz in der äußeren Hornschicht der Haut ein und bindet Wasser. Dadurch bleibt die natürliche Schutzschicht der Haut erhalten. Die Haut trocknet nicht aus. Deshalb sind Solebäder auch sehr gut bei trockener Haut geeignet.

Die entschlackende Wirkung eines 30-minütigen Solebades entspricht der einer dreitägigen Heil-Fastenkur. Durch Osmose werden die Giftstoffe des Körpers in das Badewasser abgegeben, während andererseits Mineralstoffe aus der Sole über die Haut aufgenommen werden. Ein Solebad unterstützt hervorragend die Entsäuerung unseres Körpers und führt zu einem ausgeglichenen und natürlichen ph-Wert der Haut.

Beobachtungen im Zusammenhang mit den Mondrhythmen belegen, dass die Anwendung eines therapeutischen Solebades die beste Wirkung bei den Mondwechseln zeigt. Bei Vollmond ist die Aufnahmefähigkeit von Mineralien und der in der Sole gespeicherten Energien optimal, während die Entschlackungsfähigkeit des Organismus bei Neumond am stärksten ist.

Die Selbstheilungskräfte aktivieren

Während eines 30-minütigen Solebades entschlackt der Körper genauso wie bei einer dreitägigen Heil-Fastenkur

Das Kristallsolebad ist für unseren Körper ein wahres Energiemeer. Bioenergetische Schwachstellen werden ausgeglichen und der körpereigene Stromfluss wieder aktiviert. Die Funktion der Organe tritt in Resonanz mit dem natürlichen Frequenzmuster der Kristallsole. Dadurch werden der natürliche Regulationsmechanismus des Körpers in Gang gesetzt und unsere Selbstheilungskräfte aktiviert.

Die Konzentration des Solebades kann langsam von ein bis auf acht Prozent gesteigert werden. Je höher die Konzentration, desto größer der Entgiftungseffekt, desto anstrengender aber auch für den Körper.

Solebäder sollten Sie nicht öfter als zweimal pro Woche durchführen. Wenn Sie unbehandeltes Natursalz für Ihr Solebad verwenden, tupfen Sie nach dem Bad die Haut nur ab, nicht duschen und nicht frottieren. Bei chemisch aufbereiteten Salzbädern muss die Haut kurz abgespült werden.

So wird ein Solebad gemacht

Im Handel sind unterschiedliche Badesalze erhältlich. Die meisten davon sind chemisch aufbereitet und haben dadurch ihre Ganzheitlichkeit verloren. Für Heilbehandlungen und zur Entspannung sollten Sie sich deshalb auch zum Baden unbehandeltes, natürliches Salz besorgen. Dies wird im Handel in Leinensäckchen mit 1,2 Kilogramm oder in 2,5 Kilogramm Beuteln angeboten. Die Stoffsäckchen geben Sie ungeöffnet in die Badewanne und füllen erst wenig Wasser ein, bis es knapp bedeckt ist. Nach etwa einer halben Stunde hat sich das Salz aufgelöst, und Sie können das leere Säckchen aus der Wanne nehmen. Erst danach füllen Sie die Badewanne ganz mit Wasser auf. Bitte verwenden Sie bei einem Solebad auf keinen Fall chemische Badezusätze.

Achten Sie bei der Badetemperatur darauf, dass sie genau 37 Grad beträgt. Die Temperatur sollten Sie unbedingt mit einem Thermometer messen. Auf diese Weise muss der Körper keine Energie für den Temperaturausgleich aufwenden. Bemerkenswerterweise bleibt die Temperatur während des Bades nahezu konstant bei 37 Grad, da die Struktur der Solelösung so stark ist, dass sich die Moleküle in einem ganz bestimmten Rhythmus bewegen. Durch die körpergleiche Temperatur und der körpergleichen Salzkonzentration des Wassers kommen Sie beim Baden in einen Zustand, der mit der vorgeburtlichen Phase eines Embryos im Fruchtwasser vergleichbar ist. Die Grenzen zwischen dem eigenen Körper und der Solelösung, in der Sie liegen, werden fließend.

Ein Solebad bringt Ihnen verbrauchte Energien zurück

Anleitung zum Solebad

Das Solebad sollte mindestens eine Salzkonzentration von einem Prozent aufweisen. Für eine normal große Badewanne mit etwa 120 Litern Wasser Füllmenge benötigen Sie also 1,2 Kilogramm Salz. Sollte Ihre Wanne größer sein, müssen Sie entsprechend mehr Salz verwenden.

Bitte beachten Sie, dass Sie beim Solebad keine zusätzlichen Pflege- und Reinigungsmittel verwenden.

Die Badezeit sollte mindestens 15 bis 20 Minuten betragen.

Die Haut nicht abduschen, nur trockentupfen.

Nach dem Solebad sollten Sie noch eine halbe Stunde ruhen.

Solebäder haben eine positive Wirkung bei zahlreichen Beschwerden. Sie beanspruchen jedoch den Kreislauf. Wenn Sie an einer Herz-Kreislauf-Schwäche leiden, nehmen Sie ein Solebad bitte nur nach vorheriger Rücksprache mit Ihrem Arzt. In jedem Fall muss eine zweite Person in der Nähe sein, die nach Ihnen schaut. Wenn Ihnen ein Vollbad zu anstrengend ist, können Sie auch ein Teilbad nehmen, wie zum Beispiel ein Fußbad.

Floatarium

Eine besondere Art des Solebades ist die Benutzung eines Floatariums. Der Aufenthalt in einem Kristallsalz-Floatarium ist ein einzigartiges Erlebnis. Befreit von Raum und Zeit, unternehmen Sie eine Reise in Ihr tiefstes Inneres. Ein Kristallsalz-Floatarium ist die Weiterentwicklung der „Samadhi Tank"- und „Float Spa"-Anwendungen. Der bekannte amerikanische Gehirnforscher Prof. John Lilly erforschte bereits in den fünfziger Jahren den menschlichen Schwebezustand. Anfangs dienten seine Erkenntnisse der NASA, um den Astronauten beim Training das Gefühl der Schwerelosigkeit zu vermitteln. Schon die ersten Entwicklungen bis hin zu den heute in den USA weit verbreiteten Floatarien beruhen auf einem Prinzip: Sie schweben in einem mit hoch konzentrierter Salzsole gefüllten geschlossenen Tank, ähnlich wie in einer großen geschlossenen Badewanne.

Ein Floatarium vermittelt Ihnen das Gefühl der Schwerelosigkeit, befreit von Zeit und Raum

Schwebend im vorgeburtlichen Medium

Während des „Floatens" sind Sie völlig von der Außenwelt isoliert. In einem Floatarium hört und sieht man nichts. Zudem ist die Sole, wie auch die Raumtemperatur, auf die normale Körperwärme eingestellt, damit der Organismus keine Eigenenergie für den Temperaturausgleich benötigt. In jahrzehntelang

Das Floatarium vermittelt Ihnen ein Gefühl von Schwerelosigkeit

Das Floatarium versetzt uns in einen Zustand, vergleichbar mit dem der vorgeburtlichen Phase

laufenden Versuchen und Studien erbrachte Prof. Lilly den Nachweis, dass unser Gehirn auch dann tätig ist, wenn wir keinem äußeren sensorischen Reiz ausgesetzt sind. Unser Unterbewusstsein ist immer aktiv.

Für die Zubereitung der Sole in den Floatarien setzte man zunächst nur Magnesiumsulfat ein. Die neu gewonnenen Erkenntnisse der Biophysik über natürliches Kristallsalz führten jedoch dazu, statt eines raffinierten Salzes nun eine reine Kristallsole mit all ihren natürlichen Elementen in ihrer Ganzheitlichkeit zu verwenden. Somit gelangen wir beim Bad in diesem Medium tatsächlich in einen embryonalen Zustand – die so genannte vorgeburtliche Phase. Unser Körper befindet sich jetzt energetisch in dem Frequenzspektrum, das seinem Ursprungszustand entspricht. Das bewusste Empfinden des eigenen Ichs erwacht.

Wie das Floatarium auf den Organismus wirkt

Ungeachtet der Wirkung auf unser Bewusstsein – viele haben während des 60-minütigen Schwebens im Floatarium das Gefühl, aus ihrem Körper herauszutreten – können einschneidende Wirkungen auf den menschlichen Organismus festgestellt werden. Der daraus resultierende gesundheitliche Nutzen ist von größter Bedeutung.

Wirkungsweise des Floatariums

Umfangreiche wissenschaftliche Studien haben erwiesen, dass der Aufenthalt in einem Floatarium ein ausgezeichnetes Mittel zur Stressreduktion ist.

Im Floatarium wird der Blutdruck, unabhängig ob er zu hoch oder zu niedrig ist, normalisiert.

Rheumatische Beschwerden werden im Floatarium reduziert.

Das Immunsystem wird im Floatarium gestärkt.

In sehr vielen Fällen ist eine Gewichtsabnahme feststellbar.

Wir schweben in einer Urmeerlösung, die unserem physischen Körper entspricht. Durch keine äußeren Reize abgelenkt, können wir uns vollständig regenerieren.

Der Schwebezustand regt die Produktion von Endorphinen, den so genannten Glückshormonen, an und stärkt unser allgemeines Wohlbefinden.

Die Tiefenentspannung reguliert unsere Atmung und unseren Blutkreislauf. Frei von der Schwerkraft lässt sich so eine unbeschreibliche Heilwirkung erleben. Körper, Geist und Seele erfahren dabei auf unvergleichliche Weise ihre Individualität. Unsere Batterie wird vollständig aufgeladen.

Das Floatarium ist ein ausgezeichnetes Mittel, Stress abzubauen und vielerlei Beschwerden zu lindern

Auflösung von Blockaden durch Tiefenentspannung

Die Wirkungen eines Aufenthalts im Floatarium aus therapeutischen Gründen sind so überwältigend, dass die Anwendung auch zu anderen Zwecken eingesetzt wird. So ist beispielsweise auch eine Leistungssteigerung bei sportlicher Betätigung nachweisbar, die von Spitzensportlern vor Wettkämpfen genutzt wird. Die Tiefenentspannung reduziert Muskelschmerzen, indem sie die Milchsäureproduktion senkt und die Ausschüttung von Beta-Endorphinen steigert. Visualisierungen und Vorstellungsübungen im Floatarium verbessern darüber hinaus nicht nur unsere Koordinationsfähigkeit und stärken unser Bewusstsein, sondern heben Blockaden und Energiestaus im Körper wie im Geist auf.

Spitzensportler, Manager und künstlerisch tätige Menschen schätzen die überwältigenden Wirkungen des Floatariums

Im Floatarium sind beide Gehirnhälften gleichermaßen aktiv. Deshalb gibt es auch zahlreiche Künstler und anderweitig kreative Menschen, welche die positiven Wirkungen auf Körper und Geist zur Steigerung ihrer Kreativität einsetzen.

Für viele ist der einstündige Aufenthalt in einem Floatarium vergleichbar mit einer Woche Urlaub. Stresserscheinungen sind aus dem Gesicht verschwunden, der Körper ist völlig entspannt. Jeder hat das Gefühl, sich am angenehmsten Ort der Erde zu befinden, um sich zu entspannen, Kraft zu schöpfen, Schmerzen zu lindern und Schönheit von innen und außen zu erleben. Jeder Mensch sollte sich zumindest einmal in seinem Leben das Erlebnis eines Aufenthaltes in einem Kristallsalz-Floatarium gönnen. (Adress-Information im Anhang.)

Sole-Einreibung

Sole-Einreibungen setzt man hauptsächlich zur Behandlung von Hauterkrankungen, Hautverletzungen, Insektenstichen, aber auch bei Schmerzen und Verletzungen der Weichteile und Gelenke sowie zur Entsäuerung ein. Die Solekonzentration ist

Die Sole-Einreibung reguliert den Fetthaushalt und pH-Wert der Haut

dabei abhängig vom jeweiligen Beschwerdebild und ob es sich um eine offene Wunde handelt. Im Allgemeinen kann man sagen, je tiefer der Defekt verwurzelt ist, desto höher darf die Konzentration der Sole sein.

Bei offenen Wunden immer nur eine 1-prozentige Sole-lösung anwenden

Offene Wunden sollten Sie bitte nur mit einer einprozentigen Solelösung behandeln, also einem Gramm Kristallsalz auf 100 Milliliter Wasser, da es ansonsten in der Wunde brennt. Außerdem ist es empfehlenswert, bei offenen Wunden kein Leitungswasser zu verwenden, sondern nur gutes, stilles Quellwasser. Bei nicht offenen Hauterkrankungen kann die Solekonzentration bis auf acht Prozent gesteigert werden.

Prellungen, Verstauchungen oder Schwellungen können mit einer Solekonzentration bis zu 26 Prozent eingerieben werden. Auch zur Behandlung von Insektenstichen oder Herpesbläschen ist die Sole-Einreibung geeignet.

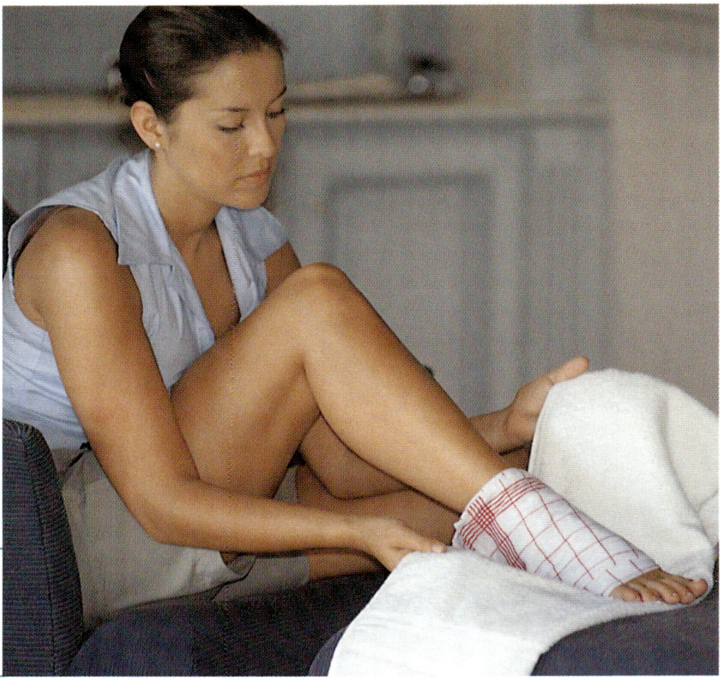

Bei Verstauchungen lindert ein Sole-Umschlag die Beschwerden

Sole-Umschläge

Verwenden Sie bei offenen Wunden immer nur eine einprozentige Solelösung. Bei geschlossenen Weichteilverletzungen oder Gelenkbeschwerden können Sie dagegen eine Solekonzentration zwischen drei und zehn Prozent wählen. Kalte Wadenwickel mit Salzwasser entfalten bei Fieber eine stärkere Wirkung als Wadenwickel mit einfachem Wasser. Nehmen Sie ein sauberes Leinen- oder Baumwolltuch, und tauchen Sie es in eine entsprechend konzentrierte Solelösung. Winden Sie das Tuch gut aus, und legen Sie es auf die wunde Stelle.

Salzhemd

Das Salzhemd ist eine spezielle Variante des spanischen Mantels nach Sebastian Kneipp. Es ist eine hervorragende Entgiftungs-

Anleitung zum Salzhemd

Tauchen Sie ein sauberes Baumwollhemd in eine etwa dreiprozentige Sole – das sind 30 Gramm Salz auf einen Liter Wasser, winden Sie es gut aus, und ziehen Sie es feucht an.

Wickeln Sie sich nun in ein trockenes Frottiertuch, und legen Sie sich gut zugedeckt ins Bett. Nach etwa einer halben Stunde beginnen Sie zu schwitzen.

Nach ca. 60 bis 90 Minuten ziehen Sie das Hemd aus und duschen den Schweiß ab.

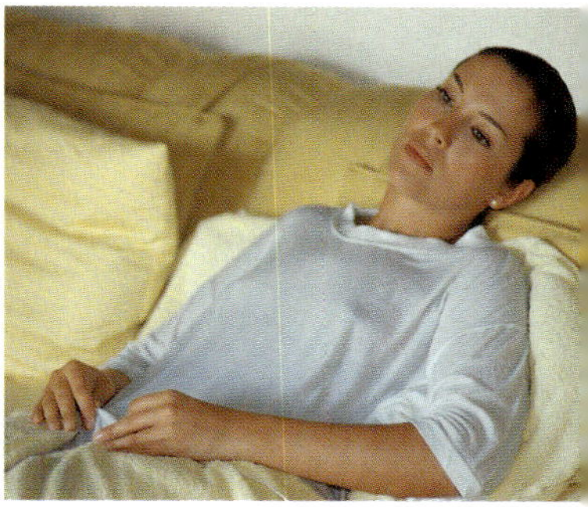

maßnahme und aktiviert Ihren Stoffwechsel. Darüber hinaus hat sich das Salzhemd bestens bei grippalen Infekten mit hohem Fieber anstelle eines Solebades bewährt. Unterstützend können Sie noch dazu eine Tasse heißen Tee, zum Beispiel mit Lindenblüten, trinken.

Salzsocken

Die Salzsocken funktionieren in ihrer Wirkung wie das Salzhemd und haben sich besonders bei chronisch kalten Füßen und Gicht bewährt.

Anleitung zu Salzsocken

Tauchen Sie ein Paar saubere Baumwollsocken in eine etwa drei- bis fünfprozentige Solelösung – das sind 30 bis 50 Gramm Salz auf einen Liter Wasser.

Winden Sie die Socken gut aus, und ziehen Sie diese an. Die Füße wickeln Sie dann in ein trockenes Handtuch ein.

Nach der Anwendung sollten Sie eine Stunde ruhen.

Das erwärmte Salzsäckchen wird auf die schmerzhafte Stelle gelegt

Salz-Auflagen

Die Salzauflage hilft überall dort, wo Wärme gut tut. Zum Beispiel bei Ohrenentzündungen, Muskelverspannungen, Wirbelsäulenbeschwerden oder anderen durch Degeneration verursachte Gelenkschmerzen. Bitte auf keinen Fall bei akuten entzündlichen rheumatischen Beschwerden oder einem akuten Gichtanfall anwenden!

Anleitung zu Salzauflagen

Erwärmen Sie ein trockenes Leinensäckchen mit Salz kurz im Backofen bei etwa 50° bis 60° Grad.

Legen Sie das Salzsäckchen etwa 20 Minuten auf die schmerzhafte Stelle.

Körperpeeling

Das Körperpeeling mit einer Salz-Öl-Mischung ist ideal zum Entgiften. Hierbei erzielen Sie Entschlackungswerte, die Sie ansonsten nur durch mehrtägiges Heilfasten erreichen könnten. Salz-Öl-Mischungen können Sie gebrauchsfertig kaufen oder selbst herstellen.

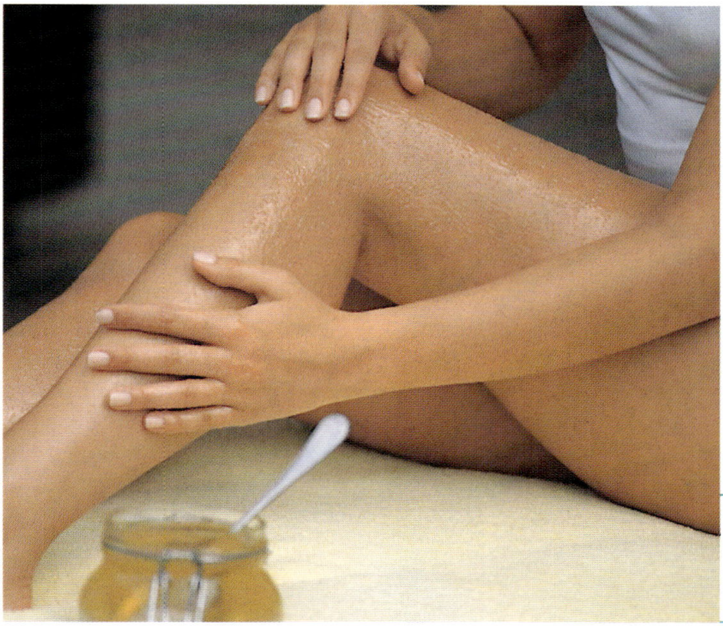

Bei einem Salz-Körperpeeling entschlackt die Haut und speichert wieder Feuchtigkeit

Anleitung zum Körperpeeling

Geben Sie 50 Gramm gekörntes Kristallsalz, 45 Gramm Makadamia-Nussöl und 5 Gramm naturreines ätherisches Lavendelöl in eine Schüssel, und verrühren Sie die Zutaten (auch gebrauchsfähig erhältlich).

Legen Sie sich dann auf ein Leinenlaken oder ein großes Frottiertuch, und lassen Sie sich am ganzen Körper mit diesem Gemisch einreiben. Vor dem Auftragen mit einem Löffel muss die Mischung immer wieder aufgerührt werden.

Wickeln Sie sich in das Tuch, decken Sie sich mit einer Decke zu, und lassen Sie das Peeling mindestens eine halbe Stunde einwirken. Dabei entsteht eine angenehme Wärme, da Ihre Zellen zu arbeiten beginnen.

Spülen Sie das Salz anschließend mit lauwarmem Wasser ab. Tupfen Sie die Haut nur trocken, anstatt sie abzureiben.

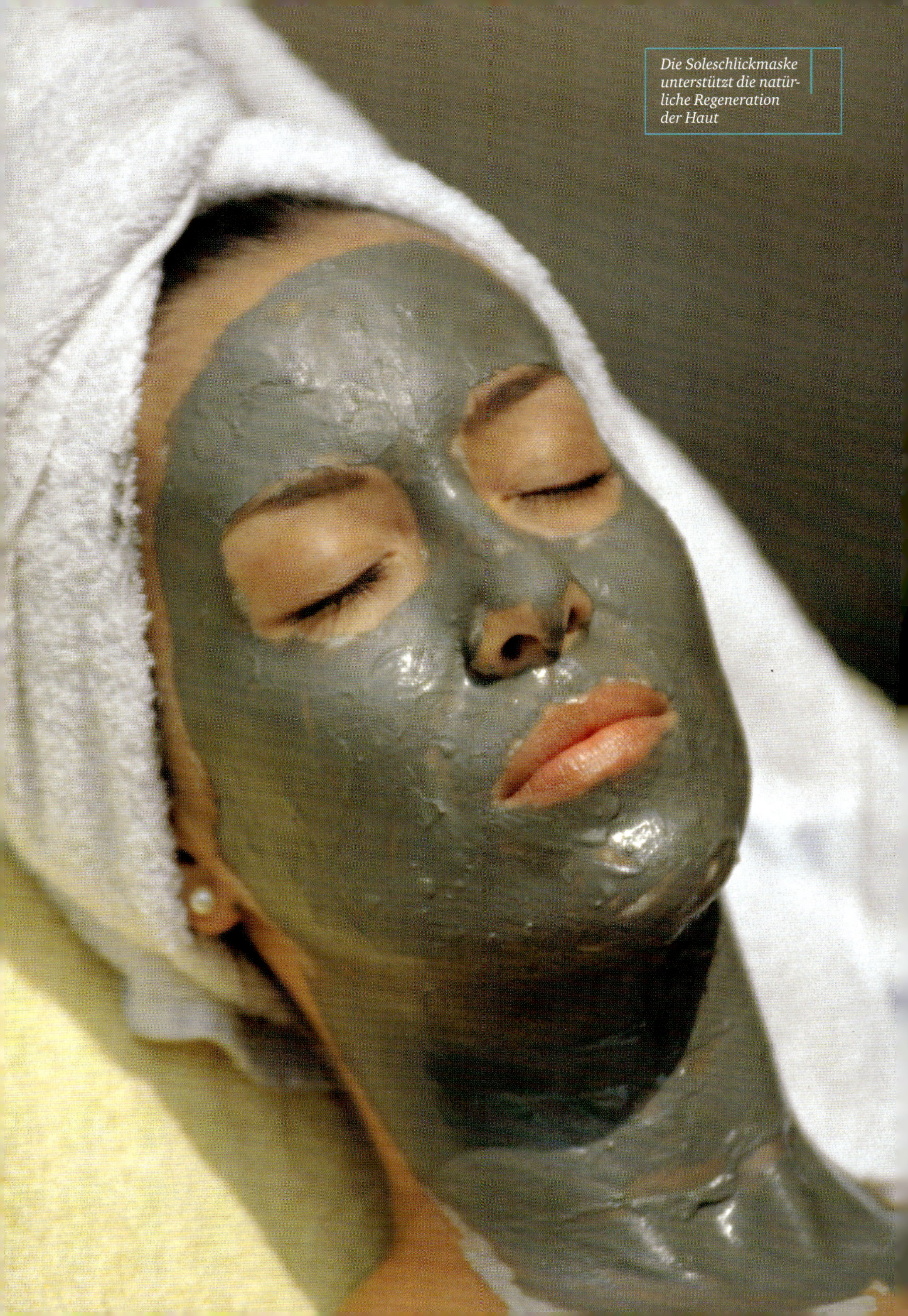

Die Soleschlickmaske unterstützt die natürliche Regeneration der Haut

Soleschlick (Peloid)

Bei dem Kristallsolepeloid handelt es sich um einen natürlichen Mineralschlick, der sich im Laufe der Zeit in den Salzstollen der Bergwerke rekristallisiert und am Boden abgelagert hat. Diese kristallinen Bestandteile werden abgebaut, fein gemahlen und dann mit natürlicher kristalliner Sole versetzt.

Das Kristallsolepeloid ist durch seine hydratisierende Wirkung in der Lage, dehydrierte (ausgetrocknete) Zellen wieder mit Wasser zu versorgen. Es eignet sich auch hervorragend, Hautirritationen und Gewebeschäden, wie zum Beispiel Cellulite, zu behandeln. Der Kristall-Soleschlick unterstützt wirksam die natürliche Regeneration der Haut. Hautunreinheiten werden neutralisiert, Faltenbildung wird verhindert und die oberen Schichten der Haut gestrafft.

Anleitung zur Gesichtsmaske

Bei einer Gesichtsmaske sparen Sie Augen und Lippen aus. Lassen Sie die Maske etwa 15 bis 20 Minuten eintrocknen.

Waschen Sie die Maske anschließend mit Wasser ab, und tupfen Sie die Gesichtshaut trocken – nicht reiben.

Die Soleschlickumschlag sorgt für wohltuende Kühlung

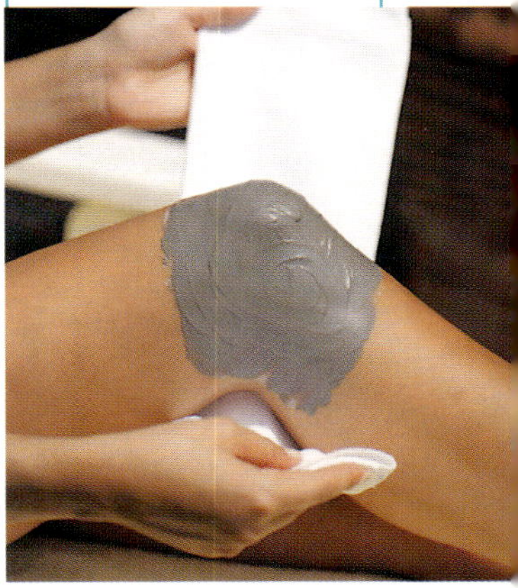

Der Soleschlick eignet sich aber nicht nur für kosmetische Zwecke, sondern kann bei allen entzündlichen Reaktionen des Körpers, dort wo Kälte gut tut, angewendet werden.

Anleitung zum Soleschlick-Umschlag

Tragen Sie das Kristall-Solepeloid auf die erkrankte Stelle auf.

Ist ein Kälteeffekt erwünscht, legen Sie ein nasskaltes Tuch über das Peloid und lassen es für einige Stunden einwirken.

Anschließend mit kaltem Wasser abwaschen.

Der Kristall-Ionisator mit Solenebel

Kristallsalz-Ionisator

Ein neuartiges Ultraschallgerät kann nicht nur Wasser, sondern auch Sole so stark anregen, dass sich die Molekül-Cluster des Wassers voneinander trennen. Durch seine spezifische Schwingungsfrequenz können die aufbrechenden Wassermoleküle das Salz in seiner ionisierten Form an sich binden. Dabei entsteht ein Solenebel, ohne dass das Wasser erwärmt werden muss. Es wird ein Klima ähnlich wie am Meer erzeugt. Die Luft wird dabei gereinigt, da die positiv geladenen Staubpartikel gebunden werden. Zusätzlich baut sich innerhalb von etwa zwei Stunden ein neutrales Schwingungsmuster im Raum auf. Ungeachtet der Ionisationswirkung der Sole umgeben Sie sich mit dem gleichen Frequenzmuster aus dem auch Ihr Körper besteht. Dies führt zu körperlichem Ausgleich und Entspannung ähnlich wie am Meer oder in einem Salzheilstollen.

Der Kristallsalz-Ionisator erzeugt ein Raumklima, ähnlich wie am Meer

So wird der Ionisator bedient

Für die Solezubereitung verwenden Sie bitte nur mineralarmes Quellwasser oder destilliertes Wasser. Mischen Sie einen Liter Wasser mit einem gehäuften Teelöffel Kristallsalz.

Achten Sie darauf, dass sich immer genügend Flüssigkeit in der Schale befindet, da sonst das Gerät Schaden nehmen kann.

Der Nebel ist auch zur Inhalation geeignet. Es genügt, wenn Sie das Gerät stundenweise einschalten, zum Beispiel zwei Stunden vor dem Schlafengehen.

Ein Kristallsalz-Ionisator hat Ähnlichkeit mit Wasserverneblern, die jedoch nur zu Dekorationszwecken dienen. Bitte nicht verwechseln! Der Kristallsalz-Ionisator wurde speziell zum Zweck der Sole-Ionisation konzipiert. Die Schwingungsfrequenz ist dabei eine andere als bei der Verneblung von Wasser.

Salzkristall-Lampen

Die Salzkristall-Lampe wirkt ähnlich wie der Ionisator. Allerdings kann die hier entstehende natürliche Ionisation nicht mit der eines Ionisators verglichen werden. Bei einer Salzkristall-Lampe kann man allenfalls von einem Ionisationseffekt sprechen. Dennoch haben Salzkristall-Lampen in vieler Hinsicht große Vorteile und dienen nicht nur der Verbesserung des Raumklimas.

Beim Fernsehen oder vor dem Computer sind Sie, je nach Gerätetyp, durch ein elektromagnetisches Schwingungsfeld von ca. 100 bis 160 Hz belastet. Unser Gehirnstrom entspricht jedoch in etwa der Schuhmann-Resonanzfrequenz, die nur zirka acht Hertz beträgt. Der Körper ist daher vor dem Bildschirm zwangsläufig einem bis zu zwanzigmal schneller schwingenden Frequenzmuster ausgesetzt, als er dies gewohnt ist. Die Folgen sind Nervosität, Schlaflosigkeit und Konzentrationsschwäche. Zusätzlich entstehen im Körper vermehrt freie Radikale, die als eine Ursache für die Entstehung von Krebs angesehen werden.

Harmonisierender Ionisationseffekt

Die Salzkristall-Lampen binden mit ihren Minus-Ionen die überschüssigen Positiv-Ionen. Durch ihre Erwärmung ziehen sie Luftfeuchtigkeit an, und der Stein wird an der Oberfläche feucht, wobei sich ein Ionenfeld aufbaut. Durch Salzkristall-Lampen lässt sich auf diese Weise die positiv aufgeladene Raumluft neutralisieren. Zusätzlich haben die Farben des Salzkristallsteines einen heilsamen Effekt. Die farbtherapeutischen Wirkungen dieser Kristalle liegen im oberen Nanometer-Bereich (600 bis 700 Nanometer), wodurch obere Hautzellstrukturen reorganisiert werden. Diesen Nanometerbereich verwendet man auch in der Schulmedizin, zum Beispiel bei der Behandlung von Hautkrebs. Zudem haben Tests an hyperaktiven Kindern mit Konzentrations- und Schlafstörungen gezeigt, dass diese

Symptome bereits nach einer Woche des Einsatzes von Salzkristall-Lampen deutlich abnahmen. Nach Entzug der Lampen traten die Symptome wieder auf.

Salzkristall-Lampen neutralisieren die elektromagnetischen Schwingungen in unseren Wohnräumen

Wirkung der Farben auf Körper und Psyche

- Orange: Vermittelt ein Gefühl von Geborgenheit, wirkt positiv auf Nerven und Gemüt, aktiviert Niere und Blase
- Gelb: Fördert das Auffassungsvermögen und die Intelligenz, wirkt anregend auf Bauchspeicheldrüse, Leber und Galle
- Rot: Stärkt die vitale Lebenskraft, aktiviert Herz und Kreislauf
- Rosa: Fördert Partnerschaft und Liebe, öffnet uns für Gefühle
- Weiß: Wirkt reinigend und entgiftend, steht für Heilung
- Braun: Hilft, die eigene Mitte zu finden, fördert die Verbindung mit der Erde

Vorsicht vor Verwechslungen

Bei Salzkristall-Lampen besteht aufgrund ihrer ähnlichen Farbe und ihres Erscheinungsbildes die Gefahr der Verwechslung mit dem hier beschriebenen Kristallsalz. Viele Salzkristall-Lampen stammen entweder aus Salzminen in Polen oder Pakistan, in denen Kristallsalz nicht unbedingt für physiologische Zwecke vorkommt. Unter Kristallsalz verstehen wir in Bezug auf die in dem Buch beschriebenen Erkenntnisse ausschließlich das nach wissenschaftlichen Kriterien untersuchte Kristallsalz aus dem Himalaya. Die Kristallsalze aus polnischen Bergwerken erfüllen nur ihren Zweck als Lampe, sind aber nicht für die in diesem Buch beschriebenen Anwendungen oder gar zum Verzehr geeignet.

Die

Anwendungen

Praktische Beispiele für Salzanwendungen

Es gibt nur eine Krankheit, nämlich das Defizit an Energie

Wir haben natürliches Kristallsalz als Lebensmittel kennen gelernt, das aufgrund seiner charakteristischen Merkmale neutralisierend und damit ausgleichend auf unseren Körper wirkt und uns somit die notwendige Energie vermitteln kann. Es gibt kaum ein effizienteres und natürlicheres Mittel als Kristallsalz in Kombination mit gutem, reifen Quellwasser, um unsere körpereigene Regenerationsfähigkeit anzuregen und unser Gleichgewicht wiederherzustellen. Durch diese Eigenschaft hat natürliches Kristallsalz auf jede Art von Krankheit eine positiv regulierende Wirkung.

Denn im Prinzip ist es falsch, von Krankheiten zu sprechen. Im Grunde genommen gibt es nur eine Krankheit, nämlich ein Defizit an Energie. Wenn dieses Energiedefizit nicht behoben wird, kann sich der Organismus nicht mehr selbst regenerieren. Dies führt zu Ablagerungen und Gewebeveränderungen, die sich in den unterschiedlichen Organen manifestieren. Dabei handelt es sich aber streng genommen nur um unterschiedliche Ausprägungen einer einzigen Krankheit, nämlich dem Defizit an Energie.

Ursachen beseitigen, statt Symptome zu unterdrücken

Nun ist die Schulmedizin unserer Zeit darauf ausgerichtet, Symptome zu unterdrücken, anstatt die Ursache zu beseitigen. So kann sich unser Organismus auch nicht mehr selbst regulieren,

Die Haut, Spiegel unserer Seele und unseres Körpers

weil man ihn dieser Fähigkeit durch viele Medikamente beraubt hat. Doch Vorsicht! Sollten Sie gegen bestimmte Beschwerden regelmäßig Arzneimittel einnehmen, hat sich Ihr Körper bereits daran gewöhnt. Ungeachtet der oft fatalen Nebenwirkungen wird gleichzeitig die Fähigkeit Ihres Körpers zur Selbstregulierung unterdrückt. Sprechen Sie mit einem Therapeuten Ihres Vertrauens, der offen ist für natürliche und ganzheitliche Heilmethoden. Das folgende Kapitel zeigt Ihnen einige praktische Beispiele für Salzanwendungen. Im Anhang finden Sie außerdem einige Adressen und Informationen, wo Sie eine Liste von Ärzten und Therapeuten anfordern können, die bereits erfolgreich mit Wasser und Salz therapieren.

Die Haut

Die Haut schützt unseren Körper nicht nur vor äußerlichen Einflüssen, sie ist auch unser größtes und eines der wichtigsten Ausscheidungsorgane. Die Haut ist der Spiegel unserer Seele und unseres Körpers.

Kristallsalz ist in der Lage, den ph-Wert der Haut auszugleichen

Irrtümlicherweise geht man davon aus, dass die Haut jedes Menschen einen Säureschutzmantel besitzt, und die meisten Kosmetikhersteller haben sich diesem Trugschluss angepasst. Ihre Produkte jedoch übersäuern unseren Körper zusätzlich, denn unsere Haut hat keinen Säureschutzmantel. Die ph-Werte, die generell als Begründung für seine Existenz herangezogen werden, sind Mittelwerte aus Studien mit Personen, die bereits übersäuert waren. Denn die innerliche Übersäuerung spiegelt sich auf der Haut wider.

Unsere Haut benötigt, wie die übrigen Körperfunktionen auch, neutrale ph-Verhältnisse. Kristallsalz mit seiner ausgleichenden Neutralkraft ist in der Lage, die Haut optimal und langfristig zu regulieren. Wir sollten uns daran erinnern, warum wir überhaupt so genannte Hautpflegeprodukte einsetzen. Ein gesunder

Der Alterungsprozess der Haut ist maßgeblich durch den Wasserverlust bedingt

Körper hat eine gesunde Haut und benötigt folgerichtig auch keine Produkte, um diese zu normalisieren. Sollten wir jedoch unter Hautstörungen leiden, so müssen wir in erster Linie der Ursache auf den Grund gehen. Wer beispielsweise viel tierisches Eiweiß in Form von Eiern, Milch, Fisch und Fleisch zu sich nimmt, darf sich nicht wundern, wenn er zu entzündlichen Pickeln neigt oder die Haut allergisch reagiert. Hauterkrankungen kommen immer von innen heraus, und deshalb ist es auch notwendig, neben äußerlichen Salzanwendungen, die Sole zu trinken. Bis das innere Gleichgewicht erreicht ist, können wir unterstützend äußerliche Salzanwendungen vornehmen.

Akne, unreine Haut, Ekzeme

Unreine Haut, besonders um den Mund herum, lässt immer auf eine gestörte Darmflora schließen

Diese Hautkrankheiten werden hier gemeinsam behandelt, da ihre Therapie gleich ist. An anderer Stelle haben wir bereits besprochen, dass die Haut der Spiegel des Körpers und vor allem des Darms ist. Hautunreinheiten und Ekzeme am Dekolleté sowie im Gesicht und hier besonders um den Mund herum deuten immer auf eine gestörte Darmflora hin. Der Körper wird seine Giftstoffe nicht los und scheidet sie über die Haut aus. Eine Ernährungsumstellung sowie eine Darmsanierung sind zwingend notwendig, um diese Übel zu beseitigen. Auch das Trinken von ausreichend lebendigem, mineralarmem Quellwasser ist erforderlich, um die Schlackenstoffe ausschei-

den zu können. Und mit der Salztherapie können wir zusätzlich „kleine Wunder" vollbringen.

Salzanwendung bei entzündlichen Hautleiden

Trinken Sie jeden Morgen einen Teelöffel Sole verdünnt mit gutem Quellwasser.

Trinken Sie über den Tag verteilt 2 bis 3 Liter lebendiges, mineralarmes, kohlensäurefreies Quellwasser.

Tragen Sie einmal am Tag die konzentrierte Sole auf die befallenen Hautstellen auf, und lassen Sie die Sole einwirken. Anschließend keine Creme verwenden.

Zweimal pro Woche ist eine Soleschlickmaske ratsam. Diese lassen Sie 15 bis 20 Minuten einwirken, bevor Sie die Maske mit einem nassen Waschlappen abspülen.

Erstverschlechterungen sind möglich, anschließend wird die Haut jedoch zusehends besser.

Diese Anwendung ist auch erfolgreich sowohl bei trockener als auch bei fettiger Haut, denn Salz hat durch seine Neutralkraft eine ausgleichende Wirkung. Nach der Behandlung haben Sie

Genaue Anleitung der Soleschlickmaske finden Sie auf Seite 161

eine Haut mit natürlicher Feuchtigkeit und einem ausgeglichenen pH-Wert. Um diesen Zustand beizubehalten, empfiehlt es sich, zirka ein- bis zweimal im Monat eine Soleschlickmaske aufzulegen.

Neurodermitis

Die Neurodermitis gehört zu den allergischen Erkrankungen. Nachdem die Symptome aber an der Haut sichtbar werden, wollen wir sie hier besprechen. Neurodermitis kann bereits im Säuglingsalter auftreten. Erste Anzeichen lassen sich am Milchschorf der Kopfhaut erkennen. Meist bricht die Krankheit aus, wenn die Mutter abstillt und der Säugling mit Kuhmilchprodukten ernährt wird. Grundlage der Neurodermitis im Säuglingsalter ist immer eine vererbte Kuhmilch-Allergie. In schweren Fällen bricht die Krankheit sogar in der Stillzeit aus, wenn die Mutter Kuhmilchprodukte zu sich nimmt. Hier muss die Mutter radikal auf sämtliche Kuhmilchprodukte verzichten. Später entwickeln die Kinder dann die typischen Beugeekzeme im Ellenbogen oder in der Kniekehle, aber auch der ganze Körper kann befallen werden. Bei Erwachsenen sind häufig die Hände betroffen, in schweren Fällen finden wir über den ganzen Körper verteilt Ekzeme. Die Haut ist spröde, trocken und juckt stark, so dass die betroffenen Hautstellen oft blutig zerkratzt sind.

Neben der Salztherapie sind zusätzliche naturheilkundliche Maßnahmen notwendig, deren Beschreibung den Rahmen dieses Buches sprengt. Nur eine Empfehlung möchten wir hier geben: Meiden Sie bei der Ernährung Kuhmilch, Nahrungsmittel mit tierischem Eiweiß und Weizenprodukte sowie alle zuckerhaltigen und denaturierten Nahrungsmittel. Allein durch diese Ernährungsumstellung werden sich die Beschwerden wesentlich bessern. Mehr darüber erfahren sie in dem Buch „Endlich frei von Allergie“ (Dr. Barbara Hendel, Mosaik-Verlag).

Salzanwendung bei Neurodermitis

Trinken Sie jeden Morgen nüchtern einen Teelöffel Sole mit gutem Quellwasser verdünnt. Bei Säuglingen genügen ein paar Tropfen Sole mit Quellwasser.

Trinken Sie über den Tag verteilt mindestens 2 bis 3 Liter lebendiges, mineralarmes, kohlensäurefreies Quellwasser.

Zur Linderung des Juckreizes hat sich ein Solebad bewährt. Die Konzentration ist abhängig vom Hautzustand. Bei offenen Hautstellen bitte nur ein einprozentiges Solebad nehmen, das heißt zirka ein Kilogramm Salz auf 100 Liter Wasser. In eine Kinderwanne passen etwa 20 bis 30 Liter. In diesem Fall fügen Sie 200 bis 300 Gramm Salz hinzu.

Heilt die Haut ab, kann das Solebad bis auf fünf Prozent gesteigert werden. Das Solebad lindert nicht nur den Juckreiz, sondern gibt der Haut Feuchtigkeit und wirkt gleichzeitig beruhigend auf das vegetative Nervensystem.

Nehmen Sie im akuten Zustand zweimal pro Woche ein Solebad. Wenn die Beschwerden abgeklungen sind, reicht ein Bad ein- bis zweimal im Monat.

Zu Beginn der Soletrinkkur kann es zu einer Erstverschlechterung der Haut kommen. Auch Durchfälle sind keine Seltenheit. Keine Sorge! Diese klingen nach kurzer Zeit wieder ab. Durchfälle sind durchaus positiv zu werten, da sich der Darm von Fäulnis- und Gärungsprodukten befreit.

Zu Beginn der Sole-Trinkkur kann es zu Erstverschlechterungen kommen

Psoriasis (Schuppenflechte)

Die Psoriasis oder Schuppenflechte hat eine erbliche Komponente und beginnt meist erst im Erwachsenenalter. Die typischen roten Flecken, die meist von einer dicken, weißlichen Schuppenschicht bedeckt sind, entstehen durch eine

Das Salzwasser des Meeres lindert die Beschwerden der Psoriasis

Bei Psoriasis ist eine basische Ernährung die Grundlage jeder weiteren Therapie (siehe Ernährungstabellen in der hinteren Umschlagklappe)

beschleunigte Bildung der oberen Hautschichten. Normalerweise wird die obere Hautschicht alle 28 Tage erneuert, denn so lange brauchen die unteren Hautzellen, bis sie nach oben gewandert sind. Bei Menschen mit Psoriasis dauert dieser Vorgang nur etwa vier Tage. Die Hautveränderungen können mit und ohne Juckreiz einhergehen. Doch auch wenn eine erbliche Disposition besteht, muss diese Krankheit nicht unbedingt ein Leben lang ertragen werden. Neben der richtigen Ernährung (basisch, Verzicht auf tierische Eiweiße) können Sie mit einer Salztherapie bei diesem Krankheitsbild viel Gutes tun. Selbst in der Schulmedizin ist die heilende Wirkung von Salz bei Psoriasis bekannt. Oft ist die einzige Möglichkeit, die Patienten von ihren Beschwerden zu kurieren, ein Aufenthalt am Toten Meer, dem Meer mit der höchsten Salzkonzentration. Doch irgendwann ist jeder Kuraufenthalt vorbei, und kaum sind die Patienten eine Woche in ihrer gewohnten Umgebung zurück, stellen sich die gleichen Hautveränderungen wieder ein. Holen Sie sich das Meer nach Hause!

Salzanwendung bei Psoriasis

Trinken Sie jeden Morgen nüchtern einen Teelöffel Sole mit Quellwasser verdünnt.

Trinken Sie über den Tag verteilt mindestens 2 bis 3 Liter lebendiges, mineralarmes, kohlensäurefreies Quellwasser.

Nachdem die Haut des Psoriatikers in der Regel nicht offen ist, sondern entzündlich und verdickt, kann ein höher konzentriertes Solebad genommen werden. Man beginnt mit drei Prozent, also 3 Kilogramm Salz auf 100 Liter Wasser, und steigert dies allmählich bis auf 8 Prozent. Das Solebad wirkt nicht nur feuchtigkeitsspendend auf die Haut, sondern auch entzündungshemmend.

Ein hoch konzentriertes Solebad ist anstrengend, und mit steigender Temperatur wird der Kreislauf noch stärker belastet. Wählen Sie die Temperatur so, dass es Ihnen angenehm ist. Auf keinen Fall sollte die Badetemperatur über 37° Grad sein, eher etwas darunter.

Bitte achten Sie darauf, dass während des Bades immer eine zweite Person in Ihrer Nähe ist, die im Fall von Kreislaufproblemen nach Ihnen sehen kann.

Nach dem Bad sollten Sie nicht duschen, sondern die Haut nur abtupfen oder an der Luft trocknen lassen.

Führen Sie ein Solebad zweimal pro Woche durch. Die Badezeit beträgt etwa 10 bis 20 Minuten.

Eine nachträgliche UV-Bestrahlung, entweder auf der Sonnenbank oder unter der natürlichen Sonne, kann den Effekt noch verstärken. Die Haut nicht abtrocknen, die Bestrahlung erfolgt unmittelbar auf die nasse Haut. Bitte beachten Sie aber, dass Salzwasser die Haut empfindlicher für UV-Strahlen macht. Fünf bis 10 Minuten Sonnenbestrahlung pro Seite, je nach Hauttyp, genügen vollkommen.

Bevorzugt befallene Stellen bei der Psoriasis sind der Haaransatz, die Kopfhaut und die Streckseiten der Arme und Beine wie Ellenbogen oder Knie. Diese Stellen können Sie auch mit einer 26-prozentigen Sole einreiben oder einen konzentrierten Soleumschlag machen.

Gute Ergebnisse werden auch mit der Soleschlick-Behandlung erzielt. Tragen Sie den Soleschlick dünn auf die befallenen Hautstellen auf, und lassen Sie die Masse eintrocknen. Nach 15 bis 20 Minuten waschen Sie den Soleschlick ab. Diese Prozedur können Sie täglich wiederholen, bis die Herde verschwunden sind.

Gönnen Sie sich einen Aufenthalt in einem Floatarium. Dort herrschen Salzkonzentrationen, vergleichbar mit dem Toten Meer.

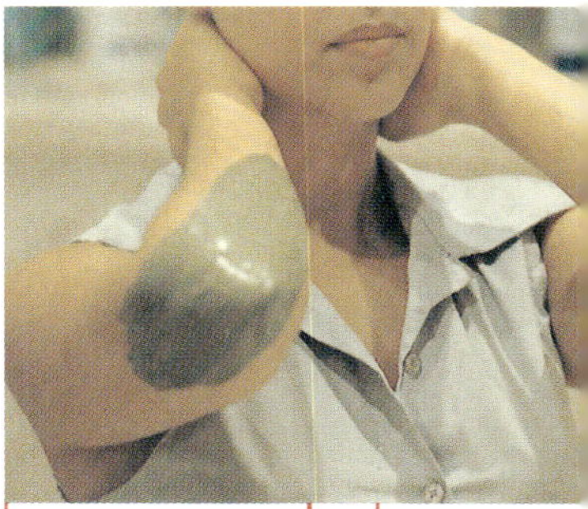

Den Soleschlick dünn auf die befallenen Hautstellen auftragen, wie hier am Ellenbogen

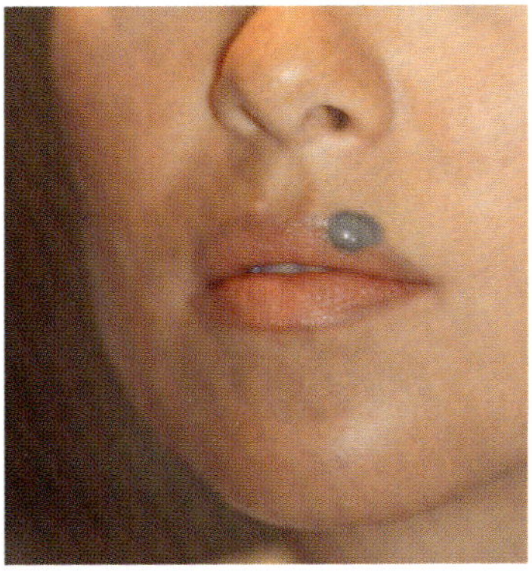

Soleschlick hilft auch bei Herpes

Herpes-Infektionen

Herpesbläschen sind unangenehm, schmerzhaft und kommen immer wieder. Die Herpesviren besiedeln dauerhaft unsere Nervenganglien. Bei einer Abwehrschwäche vermehren sie sich explosionsartig und bilden die bekannten Bläschen. Sind diese erst einmal da, helfen auch die handelsüblichen Cremes nicht viel. Versuchen Sie es einmal mit Salz. Innerlich stärkt die Sole Ihre Abwehrkräfte, äußerlich bringt Salz rasche Heilung.

Salzanwendung bei Herpes

Trinken Sie jeden Morgen einen Teelöffel Sole verdünnt mit gutem Quellwasser.

Betupfen Sie die Bläschen stündlich mit konzentrierter Solelösung.

Tragen Sie vor dem Schlafengehen etwas Soleschlick dünn auf die Bläschen auf, und lassen Sie diesen über Nacht einwirken.

Morgens dann mit Wasser abspülen. Das Salz trocknet die Bläschen aus, tötet die Viren ab und fördert die Regeneration der Haut.

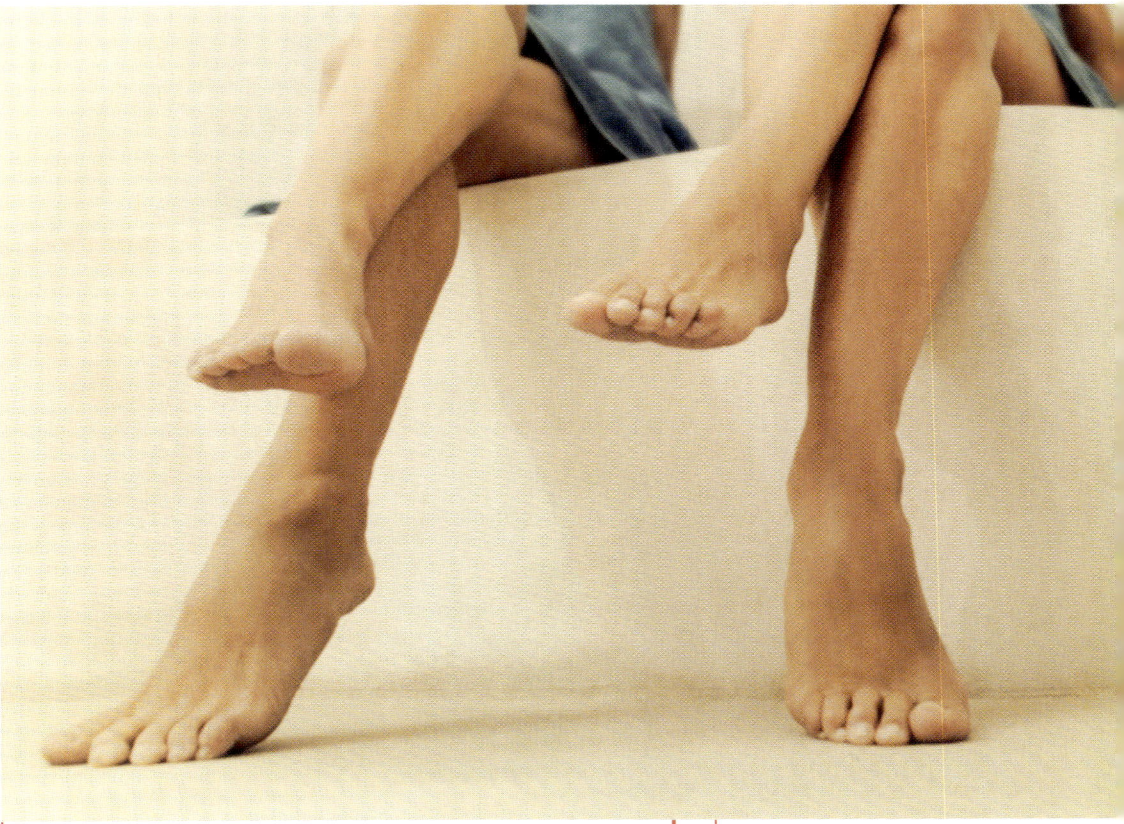

Fußpilz muss nicht nur äußerlich behandelt werden, denn er deutet auf eine saure Stoffwechsellage hin

Fußpilz

Auch der Fußpilz lässt sich mit Salz gut und schnell behandeln. Sind die Fußnägel mit befallen, verlängert sich die Behandlungsdauer allerdings mindestens auf drei Monate, weil Nägel sehr langsam wachsen. Wer immer wieder unter Fußpilz leidet, muss sich darüber im Klaren sein, dass dies kein auf die Füße begrenztes Leiden ist. Dieses Symptom tritt praktisch immer in Kombination mit einem Darmpilzbefall und einer sauren Stoffwechsellage auf, denn nur unter diesen Bedingungen kann sich der Pilz optimal vermehren. Die Sole hat eine desinfizierende Wirkung, so dass sich die Pilze nicht mehr ausbreiten können. Gleichzeitig regeneriert das Salz die Haut und stärkt so Ihre Abwehr gegenüber Pilzen, Bakterien und Viren.

Salzanwendung bei Fußpilz

Trinken Sie jeden Morgen einen Teelöffel Sole verdünnt mit gutem Quellwasser.

Stellen Sie Ihre Ernährung auf eine basische und vollwertige Kost um.

Baden Sie Ihre Füße täglich etwa 15 Minuten in einer hochprozentigen Solelösung (ab 10 Prozent). Anschließend die Füße nicht abwaschen, sondern nur trockentupfen.

Die befallenen Stellen können auch mit 26-prozentiger Sole eingerieben werden. Die Sole einziehen lassen. Vorsicht! Nicht bei offenen Hautstellen!

Warzen

Warzen tun zwar nicht weh, aber sie sind lästig, unschön und äußerst hartnäckig bei der Behandlung. Salz lässt Warzen erstaunlich gut verschwinden. Warzen werden durch Viren hervorgerufen und sind immer ein Zeichen für fehlende Struktur im Blut. Denn nur in diesem Milieu können sich Keime wie Viren, Pilze oder Bakterien erst vermehren. Deshalb sollte auch bei Warzen die Anwendung von Salz innerlich und äußerlich erfolgen.

Insektenstiche

Hervorragend gegen Juckreiz und Schwellung wirkt konzentrierte Sole. Besonders bei einer Überempfindlichkeit und der Neigung zu entzündlichen Schwellungen ist die Salzbehandlung gut geeignet.

Salzanwendung bei Warzen

Trinken Sie jeden Morgen einen Teelöffel Sole mit gutem Quellwasser verdünnt.

Betupfen Sie die Warzen mit 26-prozentiger Solelösung, oder machen Sie einen Umschlag mit konzentrierter Sole.

Geeignet ist auch der Soleschlick. Eine besonders intensive Wirkung erhalten Sie, wenn Sie einen feuchten Verband über den Soleschlick anlegen.

Befinden sich die Warzen an Händen oder Füßen, empfiehlt sich auch ein Hand- oder Fußbad mit Sole. Hierbei sollten Sie eine relativ hohe Konzentration von mindestens 10 Prozent wählen.

Nach dem Bad die Sole niemals abwaschen, sondern einziehen lassen oder die Haut trocken tupfen. Bei der Behandlung von Warzen reichen bereits wenige Tage aus, um sie zum Verschwinden zu bringen.

Salzanwendung bei Insektenstichen

Reiben Sie die Insektenstiche mehrmals täglich mit konzentrierter Sole ein, oder bedecken Sie diese mit einem in Sole getränkten Läppchen. Dadurch wird der Juckreiz gestillt, und die Schwellung geht zurück.

Auch der Soleschlick kann dafür verwendet werden. Betupfen Sie den Stich mit dem Peloid, und lassen Sie es eintrocknen. Nach ein bis zwei Stunden abwaschen und eventuell nochmals wiederholen.

  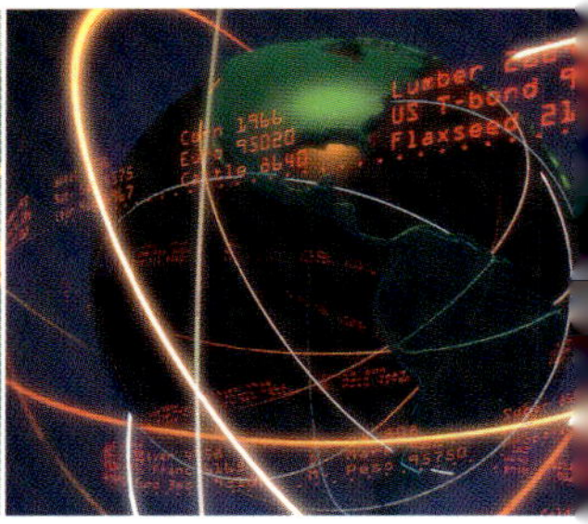

Allergien

Allergien haben in den letzten Jahren sprunghaft zugenommen

Allergien haben in den letzten Jahren sprunghaft zugenommen – Tendenz steigend. In Deutschland leidet heute bereits jeder Dritte an einer Allergie. Als Ursache dieser Erkrankung werden Störungen des Immunsystems, Vererbung, Umweltverschmutzung, falsche Ernährung, vermehrte Aufnahme von Chemikalien und Medikamenten, erhöhte Elektrosmog- und Ozonbelastung sowie Impfschäden und zunehmende Konflikt- und Stresssituationen diskutiert.

Die positive Wirkung von Salzheilstollen auf Asthmatiker und Heuschnupfenpatienten ist auch schulmedizinisch anerkannt. Dabei ist es nicht nur die reine Luft, die der Salzstollen schafft, sondern hauptsächlich das Schwingungsmuster des Salzes, mit dem wir unser Energiedefizit beseitigen können. Nachdem wir uns jedoch nicht das ganze Jahr über in einem Salzstollen aufhalten können, müssen wir nach anderen Möglichkeiten suchen, an das Frequenzmuster des Salzes zu gelangen.

Asthma

Als Asthma wird eine Erkrankung der Luftwege mit anfallsweise hochgradiger Atemnot bezeichnet. Beim Bronchialasthma nei-

Die verschiedensten Umwelteinflüsse belasten unser Immunsystem

gen die Bronchien dazu, sich permanent oder zeitweise krampfartig zu verengen. Die Probleme treten hauptsächlich beim Ausatmen auf. Die Atmung ist keuchend und wird von trockenen Pfeif- und Rasselgeräuschen begleitet. Zu Beginn der Erkrankung spielen immer allergische Mechanismen eine zentrale Rolle. Je länger das Asthma besteht, umso mehr verselbstständigt sich das überreagierende Bronchialsystem.

Salzkristalle aus dem Heilstollen von Wieliczka

Peter Ferreira mit Asthmakindern im 226 Meter unter der Erde gelegenen Heilsalzstollen von Wieliczka

Achtung! Bitte setzen Sie Ihre Medikamente nicht eigenmächtig ab, sondern nur in Abstimmung mit Ihrem Arzt!

Das bedeutet, dass es auch ohne Allergeneinwirkung zu einem Asthmaanfall kommen kann. Es gibt jedoch auch Krankengeschichten, in denen vorausgegangene Infekte der Bronchien mit Viren oder Bakterien den Boden für Asthma bereiten. Asthma kann durch chronischen Wassermangel und psychische Probleme hervorgerufen werden.

Wenn Sie auf Medikamente eingestellt sind, dürfen Sie diese auf keinen Fall eigenmächtig absetzen. Sie könnten dadurch einen schweren Asthmaanfall auslösen. Erst wenn das Salz im Rahmen eines ganzheitlichen Therapiekonzeptes seine Wirkung zeigt, können Sie langsam und nur unter ärztlicher Kontrolle die Medikamente reduzieren.

Salzanwendung bei allergischem Asthma

Trinken Sie jeden Morgen nüchtern einen Teelöffel Sole mit gutem Quellwasser verdünnt.

Trinken Sie über den Tag verteilt wenigstens 2 bis 3 Liter lebendiges, mineralarmes, kohlensäurefreies Quellwasser.

Die Inhalation von Salzlösung ist eine altbewährte Methode bei Asthma. Beginnen Sie mit einer einprozentigen Solelösung und steigern Sie auf eine maximal dreiprozentige Lösung. Eine solche Inhalation können Sie ein- bis zweimal am Tag durchführen. Dauer einer Inhalation zirka zehn bis 15 Minuten.

Die Sole ist auch für Inhalationsgeräte geeignet. Hierfür sollte die Temperatur zwischen 34 und 37 Grad Celsius liegen.

Besonders für Asthmatiker hat sich der Kristallsalz-Ionisator bewährt. Hierbei werden Staubpartikel und Pollen gebunden, so dass im Raum ein Klima ähnlich wie am Meer entsteht.

Mit dem Kristallsalz-Ionisator bekommen wir aber nicht nur reine Luft, sondern auch eine neutrale Schwingungsfrequenz im Raum. Stellen Sie das Gerät dort auf, wo Sie sich am häufigsten aufhalten.

Dabei muss das Gerät nicht permanent in Betrieb sein. Es genügt, wenn Sie das Gerät stundenweise einschalten.

Der Nebel des Kristallsalz-Ionisators ist auch zur Inhalation geeignet.

Nehmen Sie einmal pro Woche ein Solebad mit einer einprozentigen Konzentration, um Stress abzubauen und zu entspannen.

Gönnen Sie sich eine Anwendung in einem Floatarium. Die hohe Konzentration des Salzes erzeugt ein Frequenzmuster, das Ihrem Körper Energie gibt und den Heilungsprozess wesentlich unterstützt.

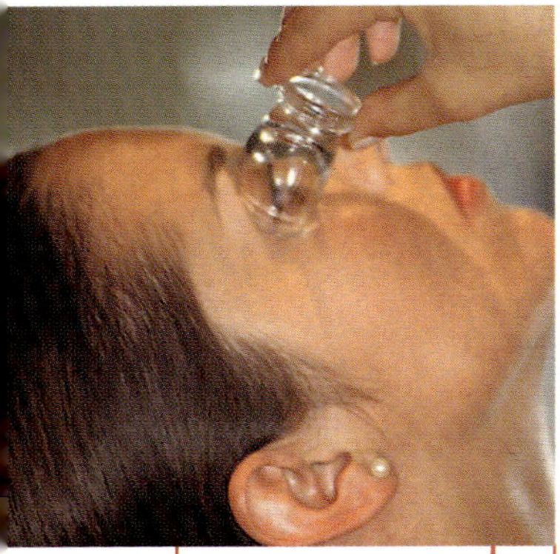

Augenbad bei allergischer Bindehautentzündung. Anleitung siehe Seite 147

Heuschnupfen und allergische Augenentzündung

Die Überempfindlichkeit gegen Gräser- und Blütenpollen stellt mittlerweile weltweit die häufigste Allergieform dar. In den industrialisierten Ländern leiden bereits über 10% der Bevölkerung an Heuschnupfen. Neben der Überforderung der menschlichen Anpassungsfähigkeit durch die Belastung unseres Lebensraums wird vor allem die wachsende Aggressivität der Pollen, hervorgerufen durch Luftverschmutzung, für diese rasante Zunahme der Heuschnupfenanfälligkeit verantwortlich gemacht. Die ersten Anzeichen eines Heuschnupfens sind Niesreiz oder Jucken der Augen. Daraufhin schwillt die Nasenschleimhaut an, und es kommt zur Absonderung eines wässrigen Sekretes.

Salzanwendungung bei Heuschnupfen

Trinken Sie jeden Morgen – auch in der heuschnupfenfreien Zeit – einen Teelöffel Sole verdünnt mit gutem Quellwasser.

Trinken Sie über den Tag verteilt mindestens 2-3 Liter lebendiges, mineralarmes, kohlensäurefreies Quellwasser.

Zusätzlich können Nasenspülungen mit einer einprozentigen Solelösung mehrmals täglich durchgeführt werden. Durch das Spülen werden Pollen entfernt, die an der Nasenschleimhaut haften, und gleichzeitig wird die Nasenschleimhaut regeneriert.

Sind auch die Augen von der Allergie betroffen, machen Sie mehrmals täglich ein Augenbad mit einer einprozentigen Solelösung. Keine Angst, die Sole brennt nicht, denn sie hat die gleiche Salzkonzentration wie Ihre Tränenflüssigkeit.

Auch für den Pollenallergiker ist der Kristallsalz-Ionisator von Vorteil. Die Pollen, die ja die Beschwerden verursachen, schweben nicht mehr in der Luft, sondern werden vom Solenebel gebunden und sinken zu Boden. Dadurch wird die Zimmerluft zum größten Teil von Pollen befreit.

Erkältungskrankheiten

Erkältungskrankheiten wie Husten, Schnupfen, Halsschmerzen, Bronchitis, Nasennebenhöhlenentzündungen, Mittelohrentzündungen, grippale Infekte und dergleichen treten nicht nur in der nassen und kalten Jahreszeit auf, sondern bei entsprechender Disposition das ganze Jahr über. Salzanwendungen sind nicht nur geeignet, die Beschwerden zu beseitigen, sondern eignen sich auch hervorragend zur Vorbeugung.

Grippaler Infekt

Im Gegensatz zur Grippe ist ein grippaler Infekt eine vergleichsweise harmlose Erkrankung, die mit allgemeinem Krankheitsgefühl, Entzündungen der oberen Luftwege, Fieber und Kopf- bzw. Gliederschmerzen einhergehen kann.

Salzanwendung bei grippalem Infekt

Trinken Sie jeden Morgen einen Teelöffel Sole mit gutem Quellwasser verdünnt.

Trinken Sie über den Tag verteilt mindestens 2 bis 3-Liter lebendiges, mineralarmes, kohlensäurefreies Quellwasser.

Ist der Infekt im Anmarsch oder bereits ausgebrochen, aber ohne Fieber oder nur geringer Temperaturerhöhung, tut ein Solebad gut. Die Salzkonzentration sollte dabei mindestens ein Prozent betragen, also ein Kilogramm Salz auf 100 Liter Badewasser. Achten Sie darauf, dass das Wasser exakt 37 Grad beträgt (mit Thermometer messen).

Bleiben Sie etwa 20 Minuten in der Badewanne. Durch die Osmose kann der Körper Giftstoffe an das Badewasser abgeben und gleichzeitig Mineralstoffe und Energie aus der Sole über die Haut aufnehmen.

Bei hohem Fieber sollten Sie auf das Solebad verzichten und stattdessen ein warmes Solefußbad nehmen.

Auch das Salzhemd hat sich bei grippalen Infekten mit und ohne Fieber bewährt.

Kalte Wadenumschläge mit Salzwasser sind bei hohem Fieber effektiver, als wenn Sie dazu nur reines Wasser verwenden.

Halsschmerzen

Halsschmerzen sind oft die Vorboten einer beginnenden Erkältungskrankheit. Der Hals kratzt und brennt, und das Schlucken tut weh. Der Mund ist die häufigste Eintrittspforte für Infektionen. Sind die Abwehrkräfte zu schwach, kommt es zu Entzündungen im Hals- und Rachenbereich.

Salzanwendung bei Halsschmerzen

Trinken Sie jeden Morgen einen Teelöffel Sole verdünnt mit gutem Quellwasser.

Trinken Sie über den Tag verteilt mindestens 2-3 Liter lebendiges, mineralarmes, kohlensäurefreies Quellwasser.

Als Mittel zum Gurgeln eignet sich die einprozentige Solelösung. Die entzündete Schleimhaut wird dadurch befeuchtet, Bakterien und Viren werden herausgelöst und die Schleimhaut durch das Salz desinfiziert und regeneriert. Salzspülungen im Mundbereich können mehrmals täglich durchgeführt werden.

Bei Halsschmerzen bringt auch ein kalter Halswickel mit hochkonzentrierter Sole Linderung der Beschwerden. Dazu beträufeln Sie ein Tuch mit konzentrierter Sole, legen es um den Hals und ein trockenes Handtuch darüber. Lassen Sie den Wickel eine Stunde wirken.

Mittelohrentzündung

Im Gefolge von Erkältungskrankheiten, vor allem durch Schwellungen im Nasen-Rachen-Raum, die zum Verschluss der Ohrtrompete, dem Gang zwischen Nase und Mittelohr, führen, kann es zu schmerzhaften Mittelohrentzündungen kommen. Das Mittelohr wird nicht mehr belüftet, und Schleim sammelt sich im Ohr an. Das ist der Nährboden für Krankheitserreger und der Beginn einer Mittelohrentzündung. Das Wichtigste bei der Mittelohrentzündung ist das Öffnen der Ohrtrompete, um das Mittelohr wieder zu belüften. Deshalb sind abschwellende Maßnahmen im Nasenbereich genauso wichtig wie die Therapie des Ohres selbst.

Das erwärmte Salzsäckchen schafft Linderung bei Ohrenschmerzen

Salzanwendung bei Mittelohrentzündung

Trinken Sie jeden Morgen einen Teelöffel Sole mit gutem Quellwasser verdünnt.

Trinken Sie über den Tag verteilt mindestens 2 bis 3 Liter lebendiges, mineralarmes, kohlensäurefreies Quellwasser.

Machen Sie zweimal täglich Nasenspülungen mit einer einprozentigen Solelösung.

Zur Linderung der Ohrenschmerzen haben sich Salzauflagen mit einem Baumwoll- oder Leinensäckchen bewährt. Dazu wird das Salzsäckchen im Backofen auf etwa 50° bis 60° Grad erwärmt und dann ungefähr 20 Minuten auf das Ohr gelegt. Diese Anwendung können Sie mehrmals täglich wiederholen.

Schnupfen und Nasennebenhöhleninfekte

Schnupfen, ob eitrig oder wässrig, trockene oder borkige Nase zählen zwar zu den Bagatellerkrankungen und schränken doch unser Wohlbefinden erheblich ein. Manche Menschen leiden sogar das ganze Jahr über unter „verstopfter Nase“. Schnupfen kann leicht zu Nasennebenhöhlenentzündungen führen, die oft mit Kopfschmerzen und echtem Krankheitsgefühl verbunden sind.

Wenn Sie unter den gerade beschriebenen Beschwerden leiden, dann sollten Sie sich unbedingt angewöhnen, Nasenspülungen durchzuführen. Denn die Salzlösung befeuchtet die Nasenschleimhaut, unterstützt so die natürliche Regenerationskraft der Schleimhaut und erschwert den Viren und Bakterien, sich einzunisten. Besonders im Winter wird durch die trockene Heizungsluft die Schleimhaut geschädigt.

Ideal zur Vorbeugung und Behandlung von Schnupfen und Nasennebenhöhleninfekten: die Solespülung. Anleitung siehe Seite 146

Salzanwendung bei Schnupfen und Nasennebenhöhleninfekten

Trinken Sie täglich einen Teelöffel Sole, verdünnt mit gutem Quellwasser.

Trinken Sie über den Tag verteilt mindestens 2 bis 3 Liter lebendiges mineralarmes, kohlensäurefreies Quellwasser.

Spülen Sie morgens und abends Ihre Nase mit einer einprozentigen Solelösung. Dies sollte für Sie so selbstverständlich wie Zähneputzen werden.

Wie Sie eine Soleinhalation richtig durchführen, lesen Sie auf Seite 144

Bronchitis

Eine Erkältungskrankheit läuft häufig nach einem bestimmten Schema ab: Sie beginnt im Hals, steigt dann in die Nase auf und befällt schließlich die Bronchien. Die Bronchitis äußert sich in unterschiedlichen Bildern und kann oft hartnäckig bis zu mehreren Wochen andauern. Die chronische Bronchitis das ganze Jahr über finden wir besonders bei Rauchern. Der Husten kann trocken, krampfartig oder mit Schleimauswurf sein. Mit dem Schleim werden Viren, Bakterien und Schadstoffe ausgeschieden. Bei der Bronchitis ist es besonders wichtig, viel Wasser zu trinken, weil dadurch der Schleim verflüssigt wird und besser abgehustet werden kann. Mit Salzanwendungen können Sie den Genesungsprozess wesentlich unterstützen und beschleunigen.

Salzanwendung bei Bronchitis

Trinken Sie jeden Morgen einen Teelöffel Sole verdünnt mit gutem Quellwasser.

Trinken Sie über den Tag verteilt mindestens 2 bis 3 Liter lebendiges, mineralarmes, kohlensäurefreies Quellwasser.

Machen Sie täglich ein- bis zweimal eine Soleinhalation mit einer einprozentigen Solelösung. Die Solelösung kann bis auf drei Prozent gesteigert werden.

Bei chronischer Bronchitis empfiehlt sich das Aufstellen eines Kristallsalz-Ionisators.

Erkrankungen des Bewegungsapparates

Unter diesem Punkt fassen wir alle Erkrankungen zusammen, die zum Bewegungsapparat gehören, wie entzündliche (Arthritis) und degenerative (Arthrose) rheumatische Prozesse, Gicht, Weichteilrheuma, Osteoporose, Verletzungen usw. Bei allen rheumatischen Prozessen finden wir an den Gelenken Ablagerungen von rekristallisierten Schlackenstoffen.

Hauptursache für das Entstehen rheumatischer Erkrankungen ist Bewegungs- und Wassermangel und eine langfristige Fehlernährung. Hierzu zählt hauptsächlich der übertriebene Verbrauch von tierischen Eiweißen, Zucker, Kochsalz und Weißmehl sowie Alkohol. Gleichzeitig wird viel zu wenig Wasser getrunken. Deshalb können die Schlackenstoffe nicht ausgeschieden werden.

Bei allen rheumatischen Erkrankungen sollte die Soletrinkkur mindestens über drei Monate durchgeführt werden, um den Körper auf dem Frequenzmuster zu halten. Erst allmählich wird der Organismus damit beginnen, die kristallinen Strukturen der Ablagerungen in den Gelenken aufzubrechen, zu verstoffwechseln und auszuscheiden. Dieser Vorgang ist praktisch immer mit einer Erstverschlechterung verbunden, und zwar dort, wo Sie Ihre Beschwerden haben. Um diese Auswirkungen zu lindern, ist es unerlässlich, dass Sie viel gutes, lebendiges, mineralarmes Quellwasser trinken. Denn nur dieses Wasser kann den Körper dabei unterstützen, die gelösten Gift- und Schlackenstoffe abzutransportieren. Je mehr Wasser Sie trinken, desto geringer sind die möglichen Beschwerden der Erstverschlechterung. Die Benutzung eines Floatariums führt gerade bei rheumatischen Beschwerden zu großer Linderung der Schmerzen, wobei zu beachten ist, dass die Anwendung nicht im akut entzündlichen Schub erfolgen darf.

Bei rheumatischen Beschwerden ist das Trinken von Wasser besonders wichtig, um die Erstverschlechterung zu lindern

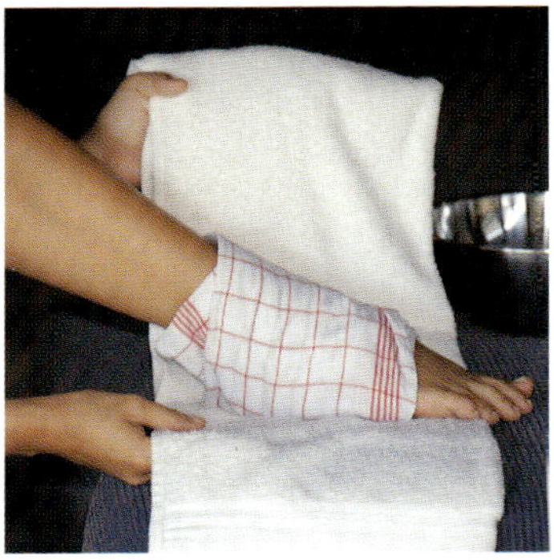

So legen Sie den Soleumschlag richtig an. Anleitung siehe auch Seite 156

Arthritis und Gicht

Entzündliche rheumatische Veränderungen sind durch schmerzhafte Schwellung, Wärme und Hautrötung gekennzeichnet, wie zum Beispiel bei der Polyarthritis oder dem akuten Gichtanfall. Hier führt Wärme zur Verschlechterung und Kälte bringt Besserung. Sie merken am besten selbst, was Ihnen gut tut – Wärme oder Kälte.

Salzanwendung bei Arthritis und Gicht

Trinken Sie täglich einen Teelöffel Sole mit gutem Quellwasser verdünnt.

Trinken Sie über den Tag verteilt mindestens 2 bis 3 Liter lebendiges, mineralarmes, kohlensäurefreies Quellwasser.

Bei Kälteverlangen machen Sie kalte Soleumschläge mit 26-prozentiger Sole. Dabei tauchen Sie das Tuch immer wieder in die kalte Sole und legen es erneut auf die erkrankte Stelle auf.

Auch eine Soleschlickanwendung lindert bei akut entzündlichem Geschehen den Schmerz. Damit der Soleschlick nicht zu schnell eintrocknet, können Sie ein nasses kaltes Tuch über die Soleschlickeinreibung legen und zirka eine Stunde einwirken lassen.

Arthrose und Osteoporose

Bei den degenerativen rheumatischen Erkrankungen stehen der Knochenumbau bzw. Knorpelabbau und der Gewebeverschleiß im Vordergrund. Die daraus resultierenden Schmerzen bessern sich bei Wärmeanwendungen. Patienten mit Osteoporose profitieren besonders von einer Soletrinkkur, da die in der Sole enthaltenden Minerale in einer Form vorliegen, wie sie der Körper auch verwerten und einbauen kann. Vergessen Sie das Märchen vom Kalzium und der Milch. Kalzium ist zwar in der Milch enthalten, doch können wir es nicht verwerten, da wir Kuhmilch in unserem Verdauungssystem nicht aufspalten können. Wenn Sie Ihren Kalziumspiegel auf das richtige Maß bringen wollen, ernähren Sie sich regelmäßig von Nüssen, Vollkornprodukten, insbesondere von Sesam, Hülsenfrüchten (Linsen, Bohnen, Erbsen) sowie Sojaprodukten. In diesen Lebensmitteln liegen die Eiweißbausteine in einer gut verwertbaren Form vor.

Die Minerale des Kristallsalzes können verstoffwechselt werden und der Osteoporose entgegenwirken

Salzanwendung bei Arthrose und Osteoporose

Trinken Sie täglich einen Teelöffel Sole mit gutem Quellwasser verdünnt.

Trinken Sie über den Tag verteilt mindestens 2 bis 3 Liter lebendiges, mineralarmes, kohlensäurefreies Quellwasser.

Bei allen degenerativen Knochenerkrankungen tut Wärme gut. Statt kaltem Wasser verwenden Sie für Ihre Soleumschläge warmes Wasser, so, wie es Ihnen angenehm ist. Die Konzentration sollte mindestens zehn Prozent betragen, das heißt 100 Gramm Salz auf einen Liter Wasser. Sie darf aber bei Bedarf auch höher sein.

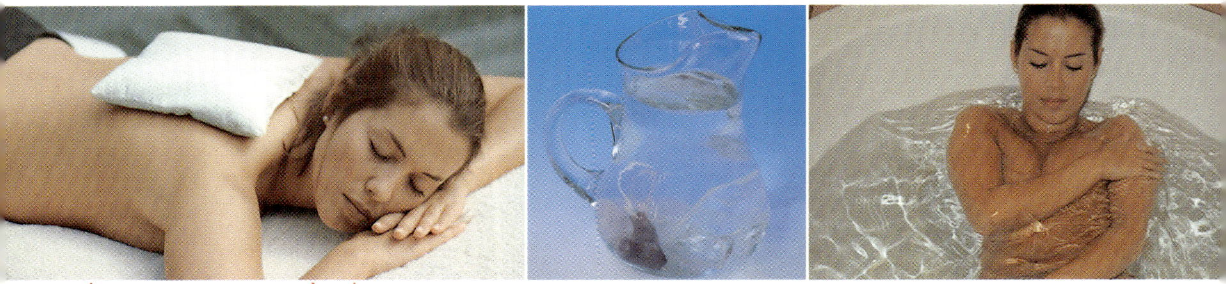

Die Salzanwendung in verschiedenen Formen

- Auch ein im Backofen erwärmtes Leinensäckchen mit Salz (auf etwa 50° bis 60° Grad) kann die Schmerzen lindern. Legen Sie dazu das erwärmte Salzsäckchen auf das erkrankte Gelenk oder die schmerzende Stelle an der Wirbelsäule, und lassen Sie das Schwingungsmuster des Salzes etwa 20 Minuten einwirken.

Das Solebad beginnen Sie mit einer zweiprozentigen Konzentration, also zwei Kilogramm Salz auf 100 Liter Wasser. Nach und nach ist eine Steigerung bis auf acht Prozent zu empfehlen. Die Wassertemperatur sollte dabei immer 37° Grad betragen.

Die Badedauer liegt bei 15 bis 20 Minuten. Achtung: Nehmen Sie bei akut entzündlichen Beschwerden, z.B. bei einem akuten rheumatischen Schub oder Gichtanfall, nie ein Solebad.

Bei Gelenkbeschwerden an Händen oder Füßen eignen sich auch Teilbäder. Die Konzentration der Sole kann hier höher gewählt werden als bei einem Vollbad.

Beginnen Sie mit einer Konzentration von zehn Prozent, und steigern Sie langsam bis auf 20 Prozent. Die Idealtemperatur liegt bei 37° Grad, weil hier der optimale Austausch zwischen Gewebsflüssigkeit und Sole gewährleistet ist. So können die Giftstoffe ausgeschieden und Spurenelemente sowie wertvolle Mineralien aufgenommen werden.

Gönnen Sie sich die Benutzung eines Floatariums (nicht im akuten Schub).

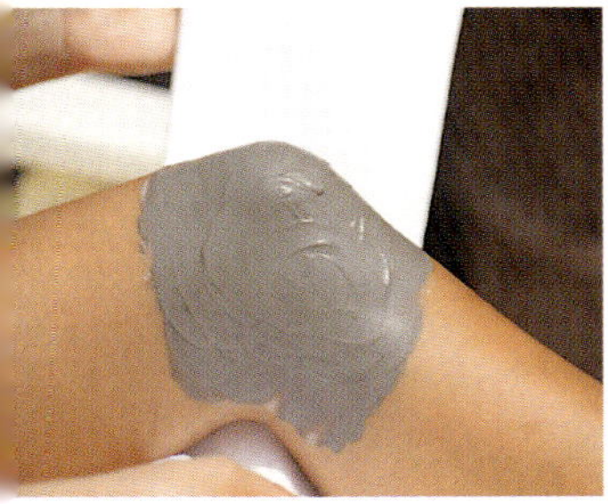

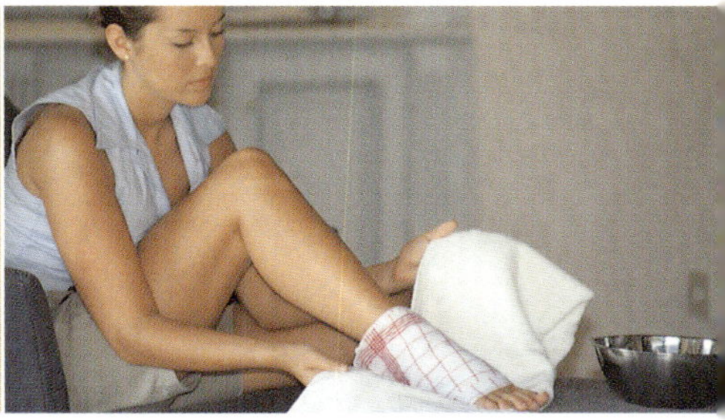

Knochenbrüche, Verstauchungen, Prellungen und Zerrungen

Verletzungen im Bewegungsapparat gehen immer mit Entzündungen einher und sind deshalb wie entzündliche, rheumatische Erkrankungen zu behandeln. Die Sole lindert nicht nur die Schmerzen und fördert das Abschwellen, sondern beschleunigt auch die Regeneration des verletzten Gewebes. Deshalb profitieren auch besonders Patienten mit Knochenbrüchen von einer Solebehandlung, da die in der Sole enthaltenen Minerale die Knochenneubildung unterstützen.

Salzanwendung bei Verletzungen

Trinken Sie täglich einen Teelöffel Sole mit gutem Quellwasser verdünnt.

Trinken Sie über den Tag verteilt mindestens 2 bis 3 Liter lebendiges, mineralarmes, kohlensäurefreies Quellwasser.

Machen Sie einen kalten Umschlag mit hochprozentiger Sole. Dabei ist es ratsam, das Tuch immer wieder in die kalte Sole zu tauchen und neu aufzulegen.

Der Umschlag kann auch mit Soleschlick gemacht werden. Soleschlick auf die erkrankte Partie auftragen, mit einem nassen, kalten Tuch umwickeln und einige Stunden einwirken lassen.

Verdauungsbeschwerden und Stoffwechselstörungen

Verdauungsstörungen sind neben rheumatischen Erkrankungen die häufigsten Beschwerden in der westlichen Welt. Die Ursachen sind meist die gleichen: Bewegungsarmut, ungesunder Lebensrhythmus, Fehlernährung und Wassermangel. Es kommt zu Magenbeschwerden, Durchfall, Verstopfung, Leber- und Gallenleiden, erhöhten Blutfetten und Harnsäurewerten oder Diabetes und Fäulnis.

Eine lebendige Ernährung ist die Basis für jeden Menschen, gesund zu bleiben oder zu werden

Bei allen angesprochenen Krankheitsbildern sollte eine gesunde, ausgewogene Ernährung selbstverständlich sein. Sie ist für jeden Menschen die Basis, gesund zu bleiben oder es wieder zu werden. Grundsätzlich sollte unsere Kost naturbelassen und vollwertig sein. Achten Sie auf lebendige Lebensmittel. Denaturierte Nahrungsmittel, wie weißes Mehl, Süßigkeiten und Dosennahrung, sollten Sie meiden. Bevorzugen Sie eine basische Ernährungsform. Die meisten Menschen leben mit einer sauren Stoffwechsellage, die Ausgangspunkt vieler Erkrankungen ist. Zu den basischen Lebensmitteln zählen Obst, Gemüse, Salate und Dinkel. Säurelieferanten sind dagegen alle Süßigkeiten, Fleisch, Wurst, Eier und Milchprodukte. Nüsse und pflanzliche Fette sind neutral. Verwenden Sie bei der Speisenzubereitung hauptsächlich hochwertige, kaltgepresste Pflanzenöle. Damit können Sie sogar Ihren Cholesterinspiegel senken. Eine ausgewogene Ernährung besteht zu zwei Dritteln aus basischen Lebensmitteln und zu einem Drittel aus Säurelieferanten. Und vergessen Sie das Trinken nicht. Pro Kilogramm Körpergewicht sollten Sie jeden Tag 30 Milliliter gutes, lebendiges, mineralarmes Quellwasser zu sich nehmen. Und mit einer Soletrinkkur dürften Ihre Verdauungsprobleme bald der Vergangenheit angehören. Die Sole regt die Peristaltik Ihrer Verdauungsorgane an, wirkt ausgleichend auf die Magensäure, unterstützt die

Produktion von Verdauungssäften in der Leber und der Bauchspeicheldrüse, reguliert die Stuhltätigkeit sowie den Stoffwechsel und harmonisiert den Säure-Basen-Haushalt.

Salzanwendung bei Verdauungsbeschwerden

Trinken Sie täglich einen Teelöffel Sole verdünnt mit gutem Quellwasser.

Trinken Sie über den Tag verteilt mindestens 2 bis 3 Liter lebendiges mineralarmes, kohlensäurefreies Quellwasser.

Wird eine Soletrinkkur über mehrere Monate durchgeführt, können sogar die kristallinen Strukturen von Gallensteinen aufgebrochen und ausgeschieden werden. Dies kann mit schmerzhaften Koliken verbunden sein.

Bei Leber- und Gallebeschwerden oder Krämpfen im Magen-Darm-Bereich verschafft ein warmer Soleumschlag Linderung. Hierzu stellen Sie aus einem halben Liter heißem Wasser und 50 bis 100 Gramm Salz eine Sole her. Tauchen Sie ein Baumwolltuch in die Sole, und legen Sie es großflächig über den schmerzhaften Bereich. Umwickeln Sie Ihren Bauch dann mit einem trockenen Handtuch, und ruhen Sie für etwa 30 Minuten.

Nieren- und Blasenerkrankungen

Für eine einwandfreie Funktion der Niere ist eine ausreichende Trinkmenge von besonderer Bedeutung

Die Niere ist eines unserer wichtigsten Entgiftungsorgane. Dort wird das Blut gefiltert und von Giftstoffen befreit. Über den Harnleiter gelangt der Urin dann in die Blase und wird von dort über die Harnröhre ausgeschieden. Frauen leiden häufiger an Harnwegsinfekten als Männer, weil die Harnröhre bei Frauen nur etwa 2,5 Zentimeter lang ist und deshalb Bakterien leicht aufsteigen können. Dagegen kommen bei Männern

Nierensteine siebenmal häufiger vor als bei Frauen. Für eine einwandfreie Funktion der Niere ist die Trinkmenge von entscheidender Bedeutung. Als Faustregel gilt: 30 Milliliter Wasser pro Kilogramm Körpergewicht. Wiegen Sie 70 Kilogramm, so müssen Sie also täglich zirka 2,1 Liter Wasser trinken. Die meisten Menschen trinken nicht nur zu wenig, sondern auch das Falsche. Harnpflichtige Substanzen können dann nicht ausgeschieden werden, der Körper verschlackt, und die Nieren werden geschädigt. Unterstützen Sie die Tätigkeit Ihrer Nieren, indem Sie ihnen reichlich Wasser – lebendig, mineralarm und kohlensäurefrei – anbieten, damit der Körper sich von seinen Giftstoffen befreien kann. Dies ist natürlich umso wichtiger, wenn Sie bereits unter Nieren- oder Blasenbeschwerden leiden. Mit der Soletrinkkur können selbst Nierensteine aufgelöst werden. Die Ausscheidung kleinerer Steine kann mit schmerzhaften Koliken verbunden sein. Anschließend hat sich der Körper jedoch aus eigener Kraft von seinen Steinen befreit.

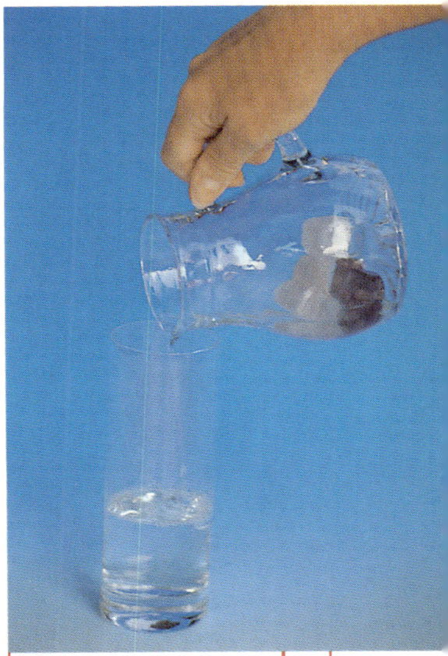

Als Faustregel gilt: Trinken Sie 30 ml Wasser mal Ihrem Körpergewicht

Salzanwendung bei Nieren- und Blasenbeschwerden

Trinken Sie täglich einen Teelöffel Sole verdünnt mit gutem Quellwasser.

Trinken Sie über den Tag verteilt mindestens 2 bis 3 Liter lebendiges, mineralarmes, kohlensäurefreies Quellwasser.

Bei Schmerzen in der Nierengegend helfen heiße, feuchte, konzentrierte Soleumschläge.

Die Auflage eines trockenen, heißen Salzsäckchens ist ebenfalls zur Schmerzlinderung geeignet.

Herz-Kreislauf-Erkrankungen

Die Sole ist sogar in der Lage, bei längerer Anwendung Gefäßablagerungen aufzulösen

Krankhafte Veränderungen im Herz-Kreislauf-System gehören zu den großen Zivilisationskrankheiten unserer Zeit. Ob Bluthochdruck, niederer Blutdruck, Gefäßverkalkungen oder koronare Herzerkrankungen, alle diese Leiden sind zurückzuführen auf ungesunde Lebensweise: mangelnde Bewegung, falsche Ernährung, Stress und Rauchen. Mit einer radikalen Umstellung Ihrer schlechten Gewohnheiten können Sie diese Prozesse stoppen, und das Salz wird Sie dabei tatkräftig unterstützen. Denn Sole ist bei längerer Anwendung sogar in der Lage, die kristallinen Strukturen der Gefäßablagerungen aufzulösen. Unerlässlich dabei ist, viel lebendiges, mineralarmes Quellwasser dabei zu trinken, damit die aufgebrochenen Schlackenstoffe auch ausgeschieden werden können. Ansonsten kursieren sie im Blutkreislauf und müssen von unserem Körper doch notgedrungen wieder eingelagert werden. Auf den Blutdruck hat Sole eine ausgleichende Wirkung. Niedriger Blutdruck wird erhöht, hoher Blutdruck wird gesenkt.

Salzanwendung bei Herz-Kreislauf-Beschwerden

Trinken Sie jeden Morgen einen Teelöffel Sole vermischt mit gutem Quellwasser.

Trinken Sie über den Tag verteilt mindestens 2 bis 3 Liter lebendiges, mineralarmes, kohlensäurefreies Quellwasser.

Gönnen Sie sich einen Aufenthalt in einem Floatarium, und erfahren Sie die ausgleichende Wirkung auf Ihren Körper.

Nervosität, Konzentrationsschwäche, Schlafstörungen

Viele Menschen leiden heute unter Nervosität, haben Konzentrationsstörungen oder Ein- beziehungsweise Durchschlafprobleme. Bei Kindern mit Schlaf- und Konzentrationsstörungen hat sich das Aufstellen einer Salzkristall-Lampe bewährt. Gerade bei den Kleinkindern, die im Dunkelen oft Angst haben und eine Lichtquelle brauchen, ist eine Salzlampe im Kinderzimmer ideal. Das warme Licht hat einen beruhigenden Effekt, und die schädlichen elektromagnetischen Felder werden durch das Salz neutralisiert. Selbstverständlich haben Fernseher und Computer im Kinderzimmer nichts zu suchen. Wenn sich ein Computer nicht vermeiden lässt, so sollte er zumindest nachts durch eine Netzfreischaltung abgeschaltet sein.

Das Salz kann gesundheitsschädliche, elektromagnetische Schwingungen neutralisieren

Salzanwendung bei nervlichen Beschwerden

Trinken Sie jeden Morgen einen Teelöffel Sole vermischt mit gutem Quellwasser.

Gönnen Sie sich hin und wieder ein Solebad. Hierzu genügt eine einprozentige Konzentration bei 37° Grad. Versuchen Sie während des Bades Abstand zu Ihren Problemen zu gewinnen. Wenn Sie die Möglichkeit haben, hören Sie während Ihres Regenerationsbads leise entspannende Musik.

Belohnen Sie sich mit dem Besuch in einem Floatarium, um Stress abzubauen und Energie zu tanken.

Wenn Sie viel am Computer arbeiten, können Sie das Raumklima mit einem Kristallsalz-Ionisator durch die Bindung der überschüssigen positiv geladenen Ionen wesentlich verbessern. Innerhalb von zwei Stunden wird ein neutrales Schwingungsmuster im Raum aufgebaut.

Ein gutes Raumklima erzeugen Sie auch durch das Aufstellen einer Salzkristall-Lampe.

Krebs

Unter Krebs versteht man das unkontrollierte, zerstörerische Wachstum entarteter Zellen. Schon allein die Diagnose wird von vielen als Todesurteil empfunden. Krebs bedeutet Un-Ordnung, Chaos in unserem Körper, hervorgerufen durch ein Defizit an Energie. Die Ursachen für dieses Defizit können vielseitig sein, wie zum Beispiel genetische Veranlagungen, falsche Ernährung und Umwelteinflüsse. Von besonderer Bedeutung sind jedoch psychische Faktoren, wie negative Gedanken und Emotionen, Lieblosigkeit in der Partnerschaft und sich selbst gegenüber, auftretende Lebensängste, Dauerstress oder aggressives Umfeld. Durch all diese Umstände wird das natürliche Frequenzmuster in unserem Körper zerstört. Wir wollen uns hier nicht anmaßen zu behaupten, mit Salz könne man Krebs heilen. Dennoch können Sie mit einer Salztherapie Ihren Energiehaushalt maßgeblich stärken, indem Sie Ihrem Körper wieder fehlende Struktur vermitteln und im Rahmen eines ganzheitlichen Therapiekonzeptes Ihre Selbstheilungskräfte aktivieren und den Heilungsprozess dadurch positiv beeinflussen. Erinnern Sie sich noch an das erste Kapitel? Dort haben wir gesagt, dass es keine unheilbaren Erkrankungen gibt.

Das Frequenzmuster des Salzes kann Ihren Energiehaushalt stärken

Allerdings müssen auch Sie Ihren Beitrag dazu leisten. Denken Sie radikal um – handeln Sie positiv! Umgeben Sie sich mit Menschen, die Ihnen wohlgesonnen sind. Vermeiden Sie negativen Stress. Ernähren Sie sich gesund, trinken Sie viel lebendiges Quellwasser, und geben Sie Ihrem Körper mit dem Salz das Frequenzmuster, das ihm fehlt, um Energie und Struktur wiederzuerlangen.

Salzanwendung bei Krebs

Trinken Sie jeden Morgen einen Teelöffel Sole vermischt mit gutem Quellwasser.

Trinken Sie über den Tag verteilt mindestens 2 bis 3- Liter lebendiges, mineralarmes, kohlensäurefreies Quellwasser.

Machen Sie hin und wieder ein Solebad, sofern es Ihr gesundheitlicher Zustand erlaubt. Hierzu genügt eine einprozentige Konzentration bei 37 Grad.

Gönnen Sie sich die tief greifende Erfahrung einer Floatarium-Anwendung.

Frauenleiden

Die Mehrfachbelastung der Frauen heutzutage führt oft zu chronischen Erschöpfungszuständen

Frausein, das bedeutet heutzutage, eine Vielzahl von Rollen zu übernehmen. Neben den klassischen Aufgaben wie Hausfrau, Mutter und Geliebte trägt die Frau immer häufiger durch Berufstätigkeit zum Lebensunterhalt bei. Diese Mehrfachbelastung kostet Energie, die oft zu chronischen Erschöpfungszuständen führt. Daneben finden wir die typischen Frauenleiden, die aus der spezifischen Anlage und Funktion des weiblichen Körpers resultieren. Dazu zählen Menstruationsbeschwerden, das prämenstruelle Syndrom, Unterleibsschmerzen, juckender oder brennender Ausfluss, trockene Scheide, Infektionen mit Viren, Pilzen oder Bakterien, klimakterische Beschwerden und andere. Durch das Salz werden Bakterien, Pilze und Viren abgetötet beziehungsweise am Wachstum gehemmt. Die Schleimhaut erhält wieder Feuchtigkeit, regeneriert sich, verfügt so über eine verbesserte Abwehr und ist für neue Infektionen weniger anfällig.

Salzanwendung bei Frauenleiden

Trinken Sie jeden Morgen einen Teelöffel Sole vermischt mit gutem Quellwasser.

Bei lokalen Beschwerden wie Ausfluss, trockener Scheidenschleimhaut oder Infektionen bietet sich ein Sole-Sitzbad an. Hierzu wählen Sie eine Salzkonzentration zwischen drei und acht Prozent und eine Temperatur von 37 Grad.

Die Konzentration eines Sole-Vollbads sollte zu Beginn nicht mehr als zwei Prozent betragen. Allmählich kann man dann die Konzentration bis auf fünf Prozent steigern. Achten Sie auch hier auf eine Temperatur von 37 Grad.

Gönnen Sie sich einen Aufenthalt in einem Floatarium, um zu regenerieren und wieder neue Kräfte zu sammeln.

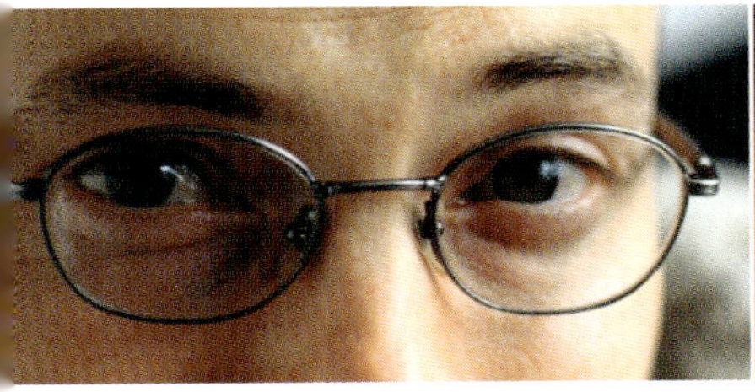

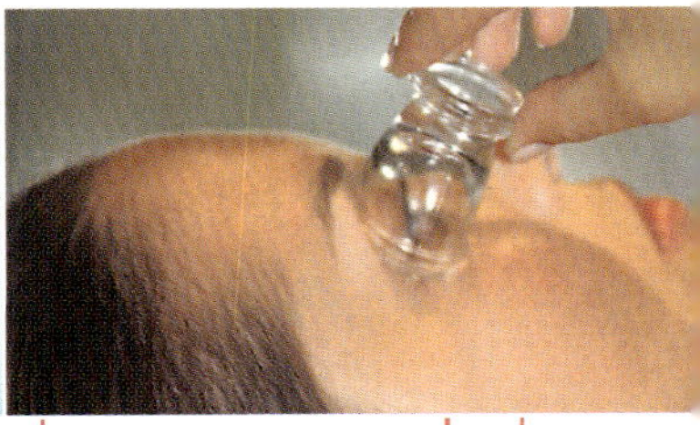

Die einprozentige Solelösung entspricht der Salzkonzentration Ihrer Tränenflüssigkeit

Augenerkrankungen

Mehr als 60% aller Deutschen sind Brillenträger. Dabei unterscheidet man eine angeborene Fehlsichtigkeit von der so genannten Altersfehlsichtigkeit. Diese kommt durch Dehydrierung, also allmählichem Flüssigkeitsverlust des Augapfels, zustande. Die häufigsten Augenleiden entstehen jedoch durch Umwelteinflüsse: stundenlange Computerarbeit oder Fernsehen überanstrengen unsere Augen, Heizungsluft und mangelnde Flüssigkeitszufuhr, besonders im Alter, verursachen trockene Augen. Pollen führen zu allergischen Beschwerden. Augenspülungen mit Sole sind wohltuend und eignen sich, diese Beschwerden zu lindern. Sogar eine Alterssehschwäche kann sich bessern, wenn das Augenbad über einen längeren Zeitraum durchgeführt wird. Das Salz bindet Wasser, und der Augapfel erhält wieder seine ursprüngliche Form.

Salzanwendung bei Augenerkrankungen

Bei akuten Beschwerden machen Sie zwei- bis dreimal täglich ein Augenbad mit einprozentiger Sole, bis sie abgeklungen sind.

Bei chronischen Augenleiden führen Sie über einen längeren Zeitraum ein- bis zweimal täglich ein Augenbad mit einprozentiger Sole durch.

Keine Sorge: Die einprozentige Sole brennt nicht, da sie der Salzkonzentration Ihrer Tränenflüssigkeit entspricht.

Man kann es nicht oft genug sagen: Trinken Sie täglich ausreichend Wasser, um Giftstoffe auszuschwemmen

Schwermetallbelastungen

Viele Menschen leiden unter Schwermetallbelastungen wie Blei, Cadmium, Quecksilber, Arsen, Palladium oder Amalgam, ohne es zu wissen. Nicht nur unsere Böden und unsere Luft sind mit diesen Giften verseucht. Jahrzehntelang wurden beispielsweise bei der Zahnbehandlung toxische Substanzen wie Amalgam oder Legierungen, die Palladium enthalten, eingesetzt.

Diese Gifte belasten den Organismus, weil sie nicht ohne weiteres wieder ausgeschieden werden können. Es kommt zu unspezifischen Symptomen, wie Kopfschmerzen oder Erschöpfung, Depressionen, Vitalitätsverlust und dergleichen. Natürliches Salz kann uns dabei helfen, diese Giftstoffe wieder loszuwerden.

Salzanwendung bei Schwermetallbelastungen

Trinken Sie jeden Morgen einen Teelöffel Sole verdünnt mit gutem Quellwasser.

Wichtig dabei ist, dass Sie unbedingt über den Tag verteilt viel gutes, lebendiges, mineralarmes Quellwasser trinken, damit der Körper die ionisierten und verstoffwechselten Schwermetalle auch ausscheiden kann. Denn ansonsten kursieren die gelösten Schwermetalle durch unseren Körper und können die Beschwerden noch verstärken.

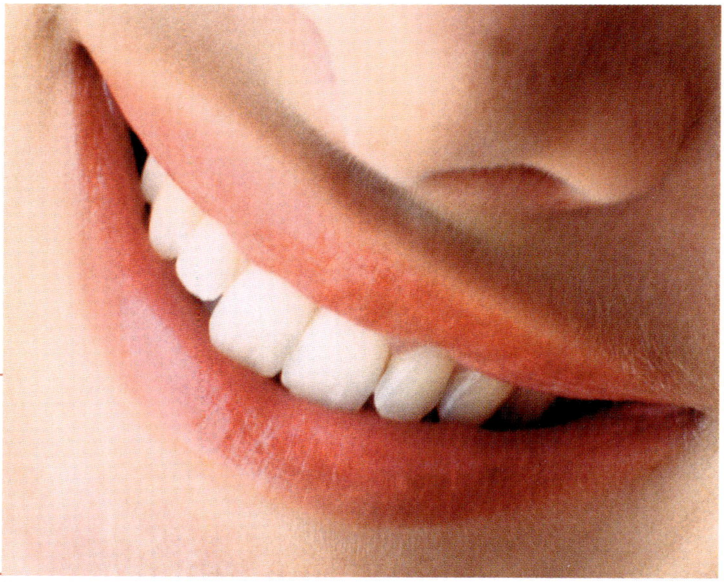

Gesunde Zähne und gesundes Zahnfleisch sind nicht nur optisch schön, sondern auch wichtig für unsere Gesundheit

Mund- und Zahnhygiene

Konzentrierte Solespülungen können Zahnsteinbildungen verhindern und beseitigen

Salz ist ein hervorragendes Mittel zur Mund- und Zahnhygiene und vermeidet die Bildung von Zahnstein und Karies. Die meisten der bekannten Zahnleiden sind auf die extreme Übersäuerung im Mund- und Rachenraum zurückzuführen. Wenn Sie bereits unter Zahnsteinbildung leiden, können Sie diesen mit Sole beseitigen. Durch das Salz wird eine neutrale Mundflora aufgebaut, die sowohl bestehende Erkrankungen heilt als auch Mundhöhle und Zähne vor neuem Befall schützt sowie den Zahnschmelz natürlich regeneriert. Schon Hildegard von Bingen hat Salz zur Zahnpflege und gegen Zahnfleischbluten empfohlen.

Salzanwendungung für Mund und Zähne

Putzen Sie jeden Morgen Ihre Zähne mit konzentrierter Sole.

Dabei pressen Sie mit der Zunge die Sole zwischen den Zähnen durch. Gurgeln Sie mit der Sole. Nach etwa drei Minuten spucken Sie die Sole wieder aus.

Salzkosmetik und Wellness

Salz hat sich nicht nur in der Medizin bewährt, sondern auch in der Schönheitspflege und Kosmetik. Während Salzkosmetika noch vor einigen Jahren Mangelware waren, hat die Kosmetikindustrie das Salz mittlerweile für sich neu entdeckt. Heute finden wir Salzkosmetika in jeder Drogerie und jeder Apotheke. Die Palette reicht von Seifen und Lotionen über Cremes, Masken und Peelings bis hin zur Haarpflege. Leider werden dabei meist nur raffinierte Salze eingesetzt. Stellvertretend für das breite Spektrum der Salzkosmetik wollen wir zwei Salzanwendungen vorstellen, die auch therapeutisch eingesetzt werden können.

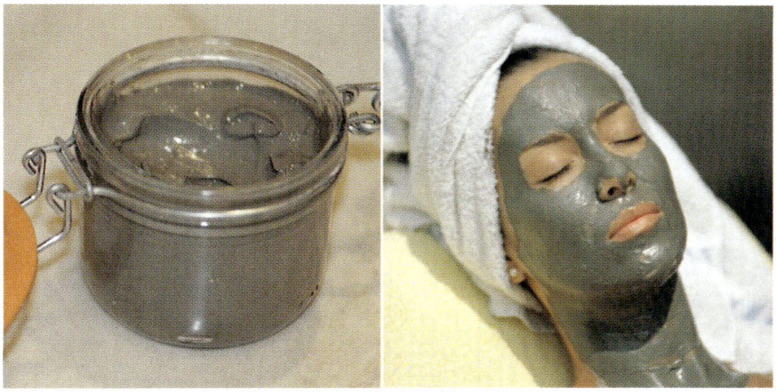

Die Peloidmaske regeneriert die Haut und verhindert Faltenbildung

Verjüngungskur mit der Kristallsolepeloid-Maske

Tragen Sie einmal pro Woche eine Peloidmaske auf, und Ihre Haut verjüngt sich zusehends. Durch das Kristallsolepeloid wird Flüssigkeit in den Hautschichten gebunden und die Haut dadurch sichtbar gestrafft. Falten verschwinden, und neue Faltenbildung wird verhindert. Hautunreinheiten werden neutralisiert, und es kommt zu einer natürlichen Regeneration der Haut. Die intensivste Wirkung erhalten Sie nach einem Saunagang, wenn die Poren weit geöffnet sind, oder nach einem Dampfbad.

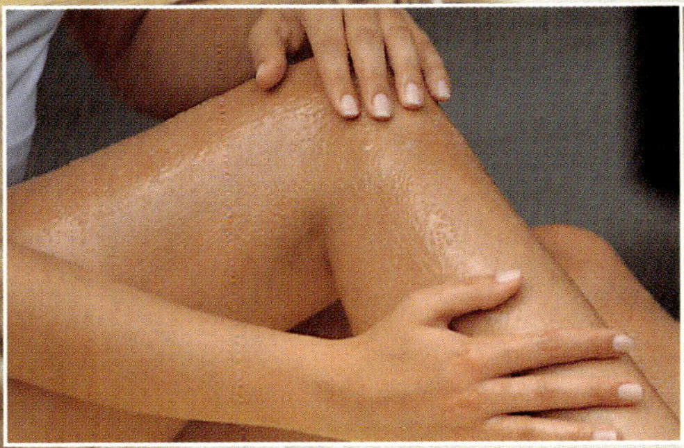

Natürliches Deodorant

Salz ist ein natürliches Deodorant. Durch seine desinfizierende und neutralisierende Wirkung verhindert es die Keimbildung von Bakterien, die für den unangenehmen Schweißgeruch verantwortlich sind. Ursache hierfür ist eine starke Übersäuerung. In diesem Milleu können sich Keime rasant vermehren und führen zu dem unangenehmen Geruch.
Nehmen Sie einen Salzkristall, befeuchten Sie ihn mit etwas Wasser, und reiben Sie mit dem Kristall die entsprechend betroffenen Stellen der Haut ein.

Regenerationskur mit dem Ganzkörper-Peeling

Sind Sie müde und energielos? Dann verwöhnen Sie sich mit einem Ganzkörper-Peeling. Ideal ist das Peeling nach einem Saunagang. Wenn Sie keine Möglichkeit dazu haben, duschen Sie vorher warm, um die Poren zu öffnen. Legen Sie sich dann auf ein großes Leinen- oder Frottiertuch, und reiben Sie den ganzen Körper mit einem Gemisch aus Salz, Makadamia-Nussöl und Lavendelöl ein. Wickeln Sie sich anschließend in das Tuch, und legen Sie noch eine Decke darüber. Das Peeling lassen Sie etwa 30 bis 40 Minuten einwirken. Nach einiger Zeit entsteht eine angenehme Wärmeentwicklung. Jede Körperzelle arbeitet jetzt auf Hochtouren. Dabei werden enorme Entschlackungswerte erzielt. Gleichzeitig erhalten Sie durch die hoch konzentrierte Salzmischung einen wahren Energieschub. Hautschuppen lösen sich, und die Hautzellen speichern wieder Flüssigkeit. Die Haut wird stärker durchblutet und angenehm gestrafft. Nach der Einwirkzeit spülen Sie das Salz mit lauwarmem Wasser ab. Die Haut tupfen Sie nur kurz ab, nicht abreiben. Das Öl bleibt auf der Haut zurück und macht sie wunderbar samtig und geschmeidig. (Siehe auch Seite 158)

Das Salzpeeling löst Schuppen und verleiht der Haut wieder Feuchtigkeit

Das

Fazit

Erweitern Sie Ihr Bewusstsein

Besinnen wir uns an dieser Stelle auf die Weissagungen der nordamerikanischen Indianer. Diese haben uns bereits vor über 350 Jahren prophezeit, dass wir irgendwann an den Punkt gelangen, vor vollen Tellern zu sitzen und doch nichts zu essen zu haben. Die Indianer betrachten dies mit innerer Ruhe als den stillen Krieg. Der Weiße Mann muss gar nicht bekämpft werden. Er rottet sich selbst aus. Diesen Selbstmord auf Raten finden wir in der gesamten so genannten zivilisierten Welt. Ohne über den wahren Wert und Sinn von Lebensmitteln im Sinne von Lebensvermittlern nachzudenken, stopfen wir oft alles in uns hinein, ohne zu überlegen.

Viele Menschen sind vom Kunden zum Verbraucher degeneriert und suchen ihre Erfüllung im Kaufrausch

Durch dieses Verhalten bezeichnet man uns mittlerweile zu Recht nicht mehr als „Kunden“, sondern nur noch als „Verbraucher“. Durch das „Verbrauchen“ wird jedoch eine bewusste Unzufriedenheit geschürt. Wer unzufrieden ist, sucht nach Befriedigung, wird süchtig nach mehr, denn schließlich sagt uns die Werbung jeden Tag, dass uns etwas fehlt. Jetzt suchen wir das Glück im Konsumrausch und können es doch niemals dort finden.

Zeit für einen Neuanfang

Vielleicht fragen Sie sich jetzt, warum die Gesellschaft so schlecht ist und was wir denn als Einzelner tun können gegen diese einseitige und negativ materialisierte Industrie, Politik und Wissenschaft. Gerne suchen wir den Schuldigen woanders.

Die ernüchternde Antwort finden wir jedoch bei uns selbst. Wir können nicht auf die anderen schimpfen, die das alles mit uns „hilflosen“ Bürgern machen. Es gehören immer zwei dazu – der eine, der es tut, und der andere, der es zulässt. Der Schuldige ist nie im Außen zu finden, sondern sitzt tief in uns selbst. Das ganze Leben ist aufgrund der Polaritätsgesetze nichts anderes als eine Spiegelbildfunktion.

Solange es noch Menschen gibt, die erwarten, sich ihre Kopfschmerzen von ihrem Arzt nur mit symptomunterdrückenden Schmerzmitteln behandeln zu lassen, werden sich, der Polarität entsprechend, auch Ärzte finden, die ihnen diese Medikamente verschreiben. Es liegt also nicht am Arzt, sondern an uns selbst.

Erweitern Sie Ihr Bewusstsein

Erst wenn wir unser Bewusstsein und somit unsere Handlungen verändern, wird sich auch die Welt um uns herum verändern. Auch wenn es uns jetzt nicht mehr gefällt, so waren wir es selbst, die die Welt zu dem gemacht haben, was sie heute ist. Alles ist eine Frage des Bewusstseins. Wenn wir uns von innen durch unsere Einstellungen und Handlungen verändern, dann wird sich auch die äußere Welt verändern. Die gute Nachricht ist – es ist nie zu spät!

Besinnen Sie sich wieder auf die Qualität der Dinge. Erkennen Sie die natürlichen Zusammenhänge. Machen Sie sich bewusst, wie unabhängig Sie auch jetzt schon sein können, wenn Sie Ihr Bewusstsein qualitativ erweitern. Bedenken Sie, dass alles nur

Energie ist und diese jederzeit verändert werden kann – Materie eingeschlossen. Sie werden nach der ersten überstandenen Entgiftungs- und Entschlackungsphase verwundert feststellen, wie lebenswert das Leben sein kann. Entdecken Sie das Streben nach Idealen. Geben Sie Ihrem Leben wieder einen Sinn. Setzen Sie sich Ziele, und verwirklichen Sie diese auch. Finden Sie Ihren Idealismus, und folgen Sie Ihrem inneren Ruf, den Beruf zur Verwirklichung zu finden. Erst dann sind Sie wirklich frei und unabhängig.

Entdecken Sie die Ganzheitlichkeit

Entdecken Sie die Ganzheitlichkeit, erweitern Sie Ihr Bewusstsein, werden Sie zum Krist-All

Die natürlichen Zusammenhänge sind nicht so kompliziert, wie man es immer versucht darzustellen. Ganz im Gegenteil, die Natur in ihrer Ganzheitlichkeit ist mit ihrem Ordnungsprinzip sehr einfach. Unterstützen Sie Menschen in Ihrem Umfeld, die mit ihrem Idealismus dazu beitragen, aus dieser wunderbaren Welt eine bessere zu machen. Werden Sie selbst Idealist, und erkennen Sie in den einfachen Dingen die wahren Zusammenhänge. Die Natur lügt nicht. Wir sind als Menschen Zellen in diesem großen Körper Erde und unserem Universum. In der Ganzheitlichkeit unserer natürlichen Zusammenhänge können wir den Sinn des Daseins bewusst erkennen.

Denken Sie an dieser Stelle einmal über den Sinn Ihres Lebens nach. Sind wir wirklich dazu bestimmt, auf diesem Planeten geboren zu werden, nur um zu arbeiten? Kann es vielleicht sein, dass der Sinn des Lebens, vom Anbeginn des Daseins bis zum heutigen Tage, ein fortschreitender Entwicklungsprozess ist? Der Weg ist das Ziel, und nach dem Gesetz von Ursache und Wirkung wird jeder diesen Weg beschreiten. Manch einer nimmt den direkten Weg der Erkenntnis, andere schlagen einen steinigen Umweg ein. Das Ziel ist und bleibt jedoch das Gleiche – unser Bewusstsein zu erweitern – wieder All-Bewusstsein zu erlangen – den Krist-All.

Literatur Wasser:

Alexandersson, Olof: Lebendes Wasser, Ennsthaler Verlag 1998, ISBN 3-85068-377-X

Batmanghelidj, F.: Wasser – die gesunde Lösung, VAK Verlag 1997, ISBN 3-924077-83-5

Buchman, Dian: The Complete Book of Water Healing, Instant Improvement 1998, ISBN 0-941683-33-8

Dalla Via, Gudrun: Phänomen Wasser, VGS Verlag 1997, ISBN 3-8025-1332-0

Emoto, Masuro: The Message from Water, Hado Kyoikusha, Tokio 2001

Engler, Ivan: Wasser – Polaritätsphänomen, Deutscher Sparbuchverlag 1999, ISBN 3-88778-227-5

Flanagan, Patrick: Elixier der Jugendlichkeit, Waldthausen Verlag 1994, ISBN 3-926453-67-2

Heininger, Franz: Trinkwasser – Ernähre Dich bewusst, Ennsthaler Verlag 1998, ISBN 3-85068-552-7

Honauer, Urs: Wasser – die geheimnisvolle Energie, Irisiana Verlag 1998, ISBN 3-89631-240-5, ISBN 3-517-01597-0

Ryrie, Charlie: Heilende Energie des Wassers, Urania Verlag 1999, ISBN 3-908652-01-4

Schwenk, Theodor: Das sensible Chaos, Verlag freies Geistleben 1995, ISBN 3-7725-0571-6

Will, Reinhold: Geheimnis Wasser, Knaur Verlag München 1993

Literatur Salz: (Wenn auch oft nur im chemischen Sinne, jedoch teilweise hilfreich)

Braunschweig-Pauli, Dagmar: Jod-Krank, Dingfelder Verlag 2000, ISBN 3-926253-58-4

Brezenski, Gerald: Grenzflächen & Kolloide, ISBN 3860250167

Brucker Dr., M.O.: Störungen der Schilddrüse, Emu Verlag 1996, ISBN 3-89189-062-1

Falckenberg, Saskia: Salz ist Leben, Ariston Verlag 1987, ISBN 3-7205-1462-5

Geerlings, Jürgen: Bestimmung der Aktivitätskoeffizienten von Salz-Wasser Mischungen über den gesamten Konzentrationsbereich, Shaker Verlag, ISBN 3826544285, ISBN 3-517-01597-0

Joly, Dominique: Woher kommt das Salz, ISBN 3473383384

Kirchgessner, Manfred: Spurenelemente und Ernährung, ISBN 3804710956

Krahe, Michael: Kristallklar, Osterholz Verlag, ISBN 3-9804503-3-3

Neumeister, Andreas: Salz im Blut, ISBN 351840220X

Rosenstock, Celia: Salz – Der Ratgeber für Gesundheit, Verlag Brasil Mineracao 1998, ISBN 3-9806554-0-7

Schleimer, Jochen: Salze des Lebens, Sonntag Verlag 1997, ISBN 3-87758-135-8

Schweiger, Anita: Heilen mit Salz, Verlag Knaur 2000, ISBN 3-426-87042-8

Steiner, Gertraud: Salz als Attraktion, ISBN 3701309698

Unterricht Chemie: 17 Bände, Band 4 – Salze, ISBN 3761415591

Wormer, Eberhard: Die Heilkraft des Salzes, Südwest Verlag 1995,

Literatur in Englisch Salz:

Adrogue, Horacio : Salt & Water – 532 formidable questions, ISBN 0865424268

Biser, Sam: How to heal Desease with Salt

Kaufmann: Sodium Chloride, ISBN 00657719

Multhauf, R.: Neptune's Gift — UMI Books on –Demand

Schulkin, Jay: Sodium Hunger – The Search for a Salty Taste, ISBN 0521353688

Seldin and Giebisch: The Regulation of Sodium Chloride Balance, ISBN 0881674818

Literatur Biophysik – Biochemie – Wissenschaft – Ganzheitlichkeit:

Bischof, Marco: Biophotonen – Das Licht in unseren Zellen, Verlag Zeitausendeins 1999, ISBN 3-861150-095-7

Coats, Callum: Naturenergien verstehen und nutzen, Omega Verlag 1999, ISBN 3-930243-14-8

Dahlke, Rüdiger: Wege der Reinigung, Bertelsmann Verlag 1998, Buch Nummer: 05072-4

Dethlefsen, Thorwald: Krankheit als Weg, Bertelsmann Verlag 1987, ISBN 3-570-03579-4

Dethlefsen, Thorwald: Schicksal als Chance, Arkana Verlag 1979, ISBN 3-442-11723-2

Ewert, K. D.: Das System der Angst, Ewert Verlag 2000, ISBN 3-89478-735-X

Hannemann, Holger: Energie Medizin, Ariston Verlag 1995, ISBN 3-7205-1841-8

Hendel, Barbara: Endlich frei von Allergie, Mosaik-Verlag München, 1999

Höpfner, Otto: Einhandrute und Pyramidenenergie, Silberschnur Verlag 1996, ISBN 3-931-652-05-X

Jasmuheen: In Resonanz – Das Geheimnis der richtigen Schwingung, Koha Verlag 2000, ISBN 3-929512-28-9

Jasmuheen: Lichtnahrung – Die Nahrungsquelle für das kommende Jahrtausend, Koha Verlag 2000, ISBN 3-929512-35-1

Jentschura, Peter: Gesundheit durch Entschlackung, Verlag Peter Jentschura 2001, ISBN 3-933874-33-5

Jürgenson, Johannes: Die lukrativen Lügen der Wissenschaft, Ewert Verlag 1998, ISBN 3-89478-699-X

Köhler, Bodo: Biophysikalische Informationstherapie, Fischer Verlag 1997, ISBN 3-437-55220-1

Langbein, Kurt: Gesunde Geschäfte – Die Praktiken der Pharma Industire, Verlag Kiepenheuer & Witsch 1983, ISBN 3-462-01549-4

Liberman, Jacob: Die heilende Kraft des Lichts, Verlag Piper 1998, ISBN 3-492-22005-3

Liekens, Paul: Das Geheimnis der Pyramidenenergie, Windpferd Verlag 1998, ISBN 3-89385-018-X

Lorber Jakob: Die Heilkraft des Sonnenlichts, Lorber Verlag 1996, ISBN 3-87495-175-8

Ludwig Dr., Wolfgang: Informative Medizin, VGM Verlag 1999, ISBN 3-88699-050-8

Peters, Ralph: Das Pyramidenhandbuch, Weltenhüter Verlag 1997, ISBN 3-929681-61-7

Popp Prof., Fritz-Albert: Die Botschaft der Nahrung, Verlag Zweitausendeins 1999

Robbins, John: Ernährung für ein neues Jahrtausend, Hans Nietsch Verlag 2000, ISBN 3-929475-08-1

Sander, Friedrich: Der Säure-Basenhaushalt des menschlichen Organismus, Hippokrates Verlag 1999, ISBN 3-7773-1428-5

Schmidt, Paul: Symphonie der Lebenskräfte, Paul Schmidt Verlag 1986

Steiner, Rudolf: Makrokosmos und Mikrokosmos, Rudolf Steiner Verlag 1992, ISBN 3-7274-7030-5

Toth, Max: Pyramid Power – Kosmische Energie der Pyramiden, Bauer Verlag 1999, ISBN 3-7626-0718-4

Wandmaker, Helmut: Rohkost statt Feuerkost, Waldthausen Verlag 1996, ISBN 3-442-13912-0

Wandmaker, Helmut: Willst Du Gesund sein? – Vergiss den Kochtopf, Waldthausen Verlag 1989, ISBN 3-926453-04-4

In eigener Sache

Die Verfasser widmen sich maßgeblich der Erforschung und Anwendung der in diesem Buch beschriebenen natürlichen Erkenntnisse. Eine persönliche Beratung durch die Autoren kann aus zeitlichen Gründen deshalb immer nur begrenzt erfolgen. Hierzu werden für die Interessierten in unregelmäßigen Abständen Vorträge zu der beschriebenen Thematik abgehalten. Bitte haben Sie Verständnis, dass nicht jede einzelne Anfrage umgehend beantwortet werden kann.

Aufgrund des positiven Interesses und der bereits gewonnenen Erfahrungen wurde deshalb der „Förderverein Wasser und Salz" gegründet, mit dem Ziel, die gewonnenen Erkenntnisse zu verbreiten, Interessierte zu informieren und die Forschung bezüglich Wasser und Salz zu unterstützen und zu fördern.

Der „Förderverein Wasser und Salz" bringt zweimonatlich die Zeitschrift „Wasser und Salz" heraus, die über alle wichtigen Themen informiert.

Bei individuellen Fragen wenden Sie sich bitte an eine der angegebenen Adressen. Dort wird man Ihnen gerne weiterhelfen.

Wichtige Adressen

Informationen zu:

- Bezugsquellen
- Therapeuten
- Bestellung der Zeitschrift „Wasser & Salz"
- Veranstaltungen
- Mitgliedschaft im Förderkreis des Fördervereins

erhalten Sie im Internet unter:
www.wasser-und-salz.org
oder beim Förderverein Wasser und Salz e. V.

Förderverein Wasser und Salz
Postfach 1330
82209 Herrsching
e-mail: info@wasser-und-salz.org
www.wasser-und-salz.org

Informationen zum Floatarium
Infozentrum Naturmedizin
Info-Telefon 08152 – 92 56 50

Persönliche Widmungen

Peter Ferreira

An dieser Stelle möchte ich dieses Buch all den lieben Menschen mit besonderem Dank widmen, die all die Jahre direkt wie auch indirekt dazu beigetragen haben, dass dieses vorliegende Buch überhaupt entstehen konnte. Dazu zählen selbstverständlich erst einmal meine Frau Mercedes sowie meine Kinder Marco und Natasha für ihre Geduld und Rücksicht, meine Eltern Fritz und Ilse für die ganzheitliche, weitsichtige und unabhängige Erziehung, die ich genießen durfte, meinen Geschwistern Elke, Günter und Werner, den Gebrüdern Paul und Franz Mayer und deren lieben Mitarbeitern für ihre idealistische und vertrauensvolle Einstellung sowie Wilfried Geib, Klaus Wezyk, Bernd Nieswand, Ron Lichtman und vielen unzähligen lieben Freunden für ihr Vertrauen, das sie in mich gesetzt haben.

Dr. Barbara Hendel

Dieses Buch ist allen meinen ehemaligen, gegenwärtigen und künftigen Patienten gewidmet, die in ihrer Einsicht und Weitsicht bereits den richtigen Weg der Ganzheitlichkeit erkannt und eingeschlagen haben.

Jeder Einzelne hat mit seiner ganz persönlichen Geschichte dazu beigetragen, mein Wissen um die natürlichen Zusammenhänge unseres Daseins zu erweitern. Gleichzeitig möchte ich an dieser Stelle all denen, die mich bei der Realisierung dieses Buches unterstützt und bestärkt haben, meinen herzlichen Dank aussprechen.

Impressum

© INA Verlags GmbH, Herrsching
Alle Rechte vorbehalten. Nachdruck, auch auszugsweise, sowie Verbreitung durch Bild, Funk, Fernsehen und Internet, durch fotomechanische Wiedergabe, Tonträger und Datenverarbeitungssysteme jeder Art nur mit schriftlicher Genehmigung des Verlages.

Herausgeber:
Institute of Biophysical Research,
Las Vegas, Nevada, USA

Herstellung und Produktion:
Wolfgang Heisler

Grafik-Konzept und Layout:
dworak & ronczka, Atelier für Kommunikationsdesign

Bildredaktion:
dworak & ronczka, Atelier für Kommunikationsdesign

Lithos:
B&W Litho GmbH, München

Druck:
Bawa Print, München

Verlagsanschrift:
INA Verlags GmbH,
Seestraße 7,
82211 Herrsching

Tel. 0 81 52/91 86 0
Fax 0 81 52/ 91 86 10

ISBN 3-00-008233-6

Bildnachweis:

Dr. Masuro Emoto: S. 53, 54(3), 55(2)

Martin Kornmesser (ESA-Information Centre): S. 8, 9, 212, 214

NASA & ESA: S. 14, 152

Peter Ferreira: S. 181, 182

Wolfgang Heisler: Buchumschlag (1), S. 12, 18(2), 26, 62, 72(2), 75 (2), 78, 140 (4), 143(2), 144, 146, 147(3), 155(2), 156, 158 (2), 159, 160, 161, 162, 163, 172, 175, 176 (2), 184, 188, 189, 190, 192, 194 (3), 195 (2), 199, 202, 205, 209 (2), 210 (2), 211(2)

Dr. Wilhelm Höfer: S. 117 (3), 118 (3), 119 (3)

Prof. Manfred Karge: S. 119 (2)

Ruth Kübler: S.120 (2)

Lennart Nilsson „EIN KIND ENSTEHT", Mosaik Verlag: S. 8, 10

Heidemaria Schornsteiner: Innenklappe vorne (6)

AQAPUR Trinkwasserveredlung GmbH, 63067 Offenbach: S. 77 (2)

dworak & ronczka: Buchumschlag (1), S. 1, 3, 8, 15, 32 (2), 51 (3), 80 (2), 82, 84 (2), 87, 89, 92, 106, 109, 124, 166, 168, 211, 212

elektravision: S.2, 124, 129 (2),

image 100LTD: 61 (2), 135, 166, 177, 210,

Photo Disk: Buchumschlag (2), S. 1, 2 (5), 3 (2), 8 (2), 12 (3), 16 (2), 17 (2), 19, 20, 23, 25 (3), 30, 32, 35, 40 (2), 41 (2), 42, 44 (2), 46, 49 (2), 50, 52, 56, 58, 60 (2) 61, 68, 80 (2), 84, 85 (2), 96, 98, 100, 124, 126, 128 (2), 129, 130, 131, 132, 150, 166 (2), 170 (3), 171 (3), 174, 180 (3), 181 (3), 196 (8), 205 (2), 212

PhotoAlto: Buchumschlag (1), S. 1, 3, 36, 42, 44, 48, 66, 166, 168, 185, 196 (4), 201, 206, 208

Hinweis

Bei Wasser und Salz handelt es sich um die wohl elementarsten Lebensmittel zur Aufrechterhaltung des menschlichen Organismus. Dennoch soll auch an dieser Stelle, der Gesetzgebung entsprechend, darauf verwiesen werden, dass dieses Buch in erster Linie der Information über die Gesunderhaltung dient. Wer die beschriebenen Anwendungsmethoden durchführt, tut dies in eigener Verantwortung. Weder die Autoren noch der Verlag beabsichtigen, Diagnosen zu stellen oder Therapieempfehlungen zu geben. Die angeführten und beschriebenen Verfahren der Anwendung sind nicht als Ersatz für professionelle medizinische Behandlung bei gesundheitlichen Beschwerden zu verstehen. Die in dem Buch enthaltenen Empfehlungen zur Versorgung des Körpers mit den natürlichen Lebensmitteln Wasser und Salz beruhen auf Untersuchungen vieler wissenschaftlicher Forschungsarbeiten. Die Verfasser erteilen jedoch keine medizinischen Ratschläge. Der Interessierte wird weder direkt noch indirekt aufgefordert, noch wird ihm empfohlen, gegen den Ratschlag der derzeit gültigen medizinischen Erkenntnis bzw. dem Ratschlag des behandelnden Arztes verordnete Medikamente abzusetzen.

Die Absicht der Autoren besteht einzig darin, dem Leser aufgrund der Erkenntnisse der Biophysik die Bedeutung der Fähigkeiten von Wasser und Salz für das allgemeine Wohlbefinden nahe zu legen. Dieses Buch soll seinen Beitrag dazu leisten, über die Wichtigkeit der ganzheitlich natürlichen Zusammenhänge aufzuklären. Es soll jedoch nicht die fundierte medizinische Beratung eines erfahrenen Arztes ersetzen. Es ist sogar wünschenswert, wenn der Interessierte seinen behandelnden Arzt über die enthaltenen Informationen informiert. Bei Anwendung der beschriebenen Methoden handelt jeder Einzelne immer auf eigene Gefahr und eigenes Risiko.

Glossar

Allopathie, allopathische Schulmedizin, schulmedizinisch; Allo- bedeutet „anders“, -pathie steht für „Schmerz“, „Beschwerden“. Der Begriff Allopathie entwickelte sich aus dem Begriff Homöopathie und bedeutet so viel wie „eine Erkrankung mit Ungleichem behandeln“.

Anomalie Die Vorsilbe a(n)- steht für „un-“, „-los“ oder „-leer“. Eine Anomalie ist etwas „Un-Normales“. Naturwissenschaftlich betrachtet ist eine Anomalie weder gut noch schlecht, sondern schlicht eine Ausnahme von der Regel.

Anorganisch Unbelebt, nicht lebendig, das Gegenteil von organisch. Bezeichnet Stoffe, die nicht der belebten organischen Natur entstammen, etwa Mineralien im Gestein.

Artesische Quelle Quelle die durch ihre levitanten Kräfte von selbst aus der Erde aufsteigt.

basisch Begriff, mit dem ein bestimmter pH-Wert einer Lösung beschrieben wird. Der pH-Wert steht für die Konzentration von Wasserstoffionen. Je mehr vorhanden sind, desto saurer die Lösung. Die pH-Skala reicht von 1 (= starke Säure) bis 14 (= starke Base). Ein Wert um 7 – das ist der pH-Wert reinen Wassers – gilt als neutral. Unser Blut hat einen pH-Wert von 7,35 (s. auch Säure-Basen-Haushalt).

Biochemie Eine Richtung der Chemie, die sich mit den chemischen Abläufen in Lebewesen befasst. Die Biochemie interessiert sich nicht nur für einzelne chemische Bestandteile, sondern auch für ihr lebendiges Zusammenspiel.

Biophysik Die Wissenschaft der lebendigen Physik. Diese Form der Physik nützt physikalisches Wissen, um biologische Fragen zu klären. Etwa, wie Nervenimpulse übertragen werden oder wie die Arbeit der Muskeln gesteuert wird. Die Grenzen zur Biochemie sind mitunter fließend.

Colon-Hydro-Therapie Moderne Form der reinigenden Darm(= Colon)spülung mit warmem Wasser oder einer Wasser-Salz-Lösung.

Cluster stammt aus dem Englischen und bedeutet Haufen. Wird in der Chemie verwendet für Wasserstoffbrücken zwischen Molekülen.

Darmflora Gesamtheit aller Bakterien und Pilze, die den Darm besiedeln. Eine gesunde Darmflora unterstützt den Abbau von Nährstoffen, trainiert das im Darm lokalisierte Immunsystem, bekämpft Krankheitserreger und hilft dem Körper, die Vitamine E und K zu bilden. Ist die Darmflora gestört (etwa, weil sich zu viele Pilze breit machen oder zu viele nützliche Bakterien absterben), kann das zu vielerlei ernsten Beschwerden führen.

Darmsanierung Methoden, um eine gestörte Darmflora wieder ins Gleichgewicht zu bringen.

dehydrieren Körperwasser verlieren, austrocknen. Der generelle, absolute oder relative Flüssigkeitsmangel im Extra- und Intrazellularraum als Folge des Wasser- und Elektrolythaushalts. In der Chemie: Wasserstoff aus organischen Verbindungen abspalten.

Denaturierung/denaturiert Lebensmitteltechnisch heißt das, etwas ungenießbar machen, indem bestimmte Stoffe zugesetzt werden. Denaturiert bedeutet aber auch so viel wie „der ursprünglichen, natürlichen Struktur beraubt“.

destruktiv Von zerstörerischer Wirkung; das Gegenteil von „aufbauend“ oder „konstruktiv“.

Dipole Chemische Verbindungen mit ungleich verteilter elektrischer Ladung, etwa das Wassermolekül: Bei seinem Sauerstoffatom liegt die negative Ladung, bei den zwei Wasserstoffatomen die stärker positive. Dipol-Moleküle ziehen einander an, wobei jeweils die entgegengesetzt geladenen Enden zueinander hinstreben. Daher verbinden sich Wassermoleküle über Wasserstoffbrücken zu Haufenmolekülen = Clustern.

Disharmonie Gegenteil von Harmonie, also Missklang, Unstimmigkeit. Die lateinische Vorsilbe dis bedeutet „auseinander", „weg".

Dissonanz Entsteht, wenn Schwingungen unterschiedlicher Wellenlänge aufeinander treffen. Daraus resultiert Chaos; gleich schwingende Wellen erzeugen dagegen Resonanz. Wörtlich bedeutet Dissonanz so viel wie „Missklang".

Elektroakupunktur Schmerzlose Diagnosemethode, bei der anhand von Hautwiderstandsmessungen energetische Potenziale an den Akupunkturpunkten gemessen werden, die einen Rückschluss auf den bioenergetischen Zustand des jeweiligen Organs erlauben.

Elektromagnetischer Magnetismus, der durch elektrischen Strom entsteht. Elektromagnetische Wellen schwingen gleichmäßig, können sich auch im luftleeren Raum ausbreiten. Elektromagnetische Felder transportieren sowohl elektrische als auch magnetische Energie. Sie spielen auch für die Regulierung körperlicher Abläufe und die Feinabstimmung verschiedener Systeme innerhalb des Organismus eine Rolle.

Emission In der Physik die Strahlung, die von Wellen oder Teilchen ausgeht.

Enzyme Eiweiße, die bestimmte biologische Abläufe erst ermöglichen. Enzyme gehören zu den Katalysatoren: Sie können in unserem Organismus Prozesse erheblich beschleunigen, ohne sich dabei selbst zu verändern. Enzyme sind unentbehrlich, der Körper braucht sie etwa bei der Verdauung oder Blutgerinnung. Das Fehlen bestimmter Enzyme kann zu Beschwerden, aber auch zu schwersten Entgleisungen des Stoffwechsels führen.

Entropie Chaotischer Zustand, das Gegenteil von Ordnung.

Euphorie Hochgefühl, große Begeisterung.

Faraday'scher Käfig Eine (Metall-)Umhüllung, die den umgrenzten Bereich gegen äußere elektrische Felder abschirmt.

Fotosynthese Prozess, in dem Grünpflanzen mit Hilfe des Sonnenlichts aus Wasser und Kohlendioxid Glukose (Zucker) und Stärke herstellen. Die Fotosynthese stellt Nahrung bereit und setzt Sauerstoff frei. Ohne sie gäbe es kein Leben auf der Erde.

freie Radikale Sauerstoffhaltige Moleküle, die Körperzellen angreifen.

Frequenz Gibt an, wie oft sich die Schwingung einer Welle innerhalb eines bestimmten Zeitraums wiederholt. Gemessen wird die Frequenz in Hertz.

Fungizid Mittel, das Pilze abtötet.

Gravitation/gravitant Erdanziehungskraft. Die Schwerkraft auf der Erde sorgt dafür, dass unser Körpers ein mess- und spürbares Gewicht hat. Gravitante Kräfte sind also anziehende Kräfte.

H_2O Chemische Formel für Wasser: Je zwei Atome Wasserstoff (H = Hydrogenium) sind mit einem Atom Sauerstoff (O = Oxygenium) zu einem Wassermolekül verbunden.

Hertz Maßeinheit für Schwingungen bzw. die Frequenz. Ein Hertz (Hz) entspricht einer Schwingung pro Sekunde. Lichtstrahlen schwingen mit mehreren Billionen Hertz, für uns hörbare Schallwellen liegen zwischen 50 und 20.000 Hertz.

hexagonal sechseckig.

Homöopathie Von Samuel Hahnemann Ende des 18. Jahrhunderts entwickelte Heilkunde. Geht davon aus, dass Heilung vor allem durch die Selbstheilungskräfte des Organismus bewirkt wird. Diese sollen durch die Gabe von Substanzen angeregt werden, die in hoher Dosis beim Gesunden ein ähnliches Krankheitsbild hervorrufen würden. Die Homöopathie will also anders als die Allopathie„mit Gleichem heilen".

Homöostase Natürlicher Regulationsmechanismus des Organismus. Fähigkeit des Körpers, sein natürliches Gleichgewicht (etwa in Bezug auf Kreislauf,

Temperatur, Wasser- oder Hormonhaushalt) aufrechtzuerhalten. Die Steuerzentrale der nötigen Regelsysteme ist der Hypothalamus, eine zentralnervöse Region des Zwischenhirns.

Hydratation = Hydration Kommen Minerale mit Wasser in Berührung, so findet zunächst eine Hydratation (Anlagerung des Dipols Wasser) der randlichen Ionen der Kristallgitter statt. Ziel ist die Auflösung des Minerals durch Übergang in die wässrige Lösung.

Hydrotherapie Von Kneipp entwickelte Therapieform, die auf Wasser-Anwendungen beruht (etwa Güssen, Bädern, Wickeln). Das griech. Wort hydro steht für „Wasser".

implosiv Gegenteil von explosiv. Wenn sich Kräfte nach innen verdichten. Dabei entsteht innen gerichteter Energieaufbau mit Volumenverringerung. Es wird 127-mal mehr Energie freigesetzt als bei der Explosion. Die Temperatur verringert sich.

Ionen/ionisiert Elektrisch geladene Atome oder Atomgruppen. Ionisierung ist der Prozess, bei dem diese Atome/Atomgruppen ein negativ geladenes Elektron aufnehmen oder abgeben. Man kann diese Reaktion gezielt anstoßen. So werden z.B. für die Wasseraufbereitung Ionenaustauscher eingesetzt, etwa um Wasser zu entkalken oder zu energetisieren. Die chemische Bindung durch Ionen heißt Ionenbindung. So entsteht z.B. Kochsalz, NaCl, durch eine ionische Bindung der positiv geladenen Natriumionen und der negativ geladenen Chloridionen.

isotone Flüssigkeiten sind Flüssigkeiten, die den gleichen osmotischen Druck (s. Osmose) haben. Die griech. Vorsilbe Iso- bedeutet "gleich". Die isotone Kochsalzlösung zu unserem Blutserum ist eine etwa 0,9% Lösung von NaCl und Wasser.

Kochsalz s. NaCl

Kolloide, kolloidale Stoffe Zustandsform der Materie, die gekennzeichnet ist durch die gleichmäßige Verteilung (Lösung) von Teilchen mit Durchmesser von 1 bis 100 nm in einem Dispersionsmittel. So liegen z.B. Mineralien nach der Aufnahme durch Pflanzen in deren Zellen in kolloidaler Form vor.

Kristallsalz Die reine, natürliche Form von Salz (im Gegensatz zu NaCl/Kochsalz). Enthält sämtliche Mineralien und Spurenelemente in seiner kristallinen Struktur, aus denen unser Körper besteht. Wird geologisch auch als „Halit" bezeichnet.

Levitation/levitant Aufhebung der Schwerkraft, Schweben, anhebende Wirkung. Auch durch starke elektromagnetische Kräfte möglich, etwa bei der Magnetschwebebahn.

Makrokosmos Weltall, Universum. Das griech. Wort makro bedeutet „groß".

Manifestation/manifestieren Eine Form annehmen, erkennbar werden.

Mäander/mäanderförmig Bezeichnung für einen sich schlängelnden Wasserlauf. Mäanderförmig bedeutet „geschlängelt"oder „gewunden". Die Spiralbewegung des Wassers heißt auch Mäanderbewegung; Blut und Lymphe (Gewebswasser) durchströmen unseren Körper ebenfalls mäanderförmig.

metaphysisch Wörtlich etwa „über das Physische hinaus", also jenseits der materiellen Ebene bzw. des Wahrnehmbaren stehend. Die Metaphysik ist ursprünglich eine philosophische Richtung, die sich mit dem Wesen der Realität auseinandersetzt.

Mikrokosmos Im Gegensatz zum Weltall, dem Makrokosmos, das Universum der kleinsten Teile; also der Atome und noch winzigerer Phänomene. Das griech. Wort micro bedeutet „klein", „fein".

Molekül Verbindung aus zwei oder mehr Atomen. Moleküle sind die kleinsten Einheiten chemischer Verbindungen.

molekular Die Moleküle betreffend.

NaCl Chemische Formel für Natriumchlorid, also

industriell hergestelltes Kochsalz (Verbindung aus Na = Natrium und Cl = Chlor).

Nanometer Maßeinheit, entspricht 10^9 Meter oder 0,000000001 Meter.

niederfrequent Bezeichnet elekromagnetische Felder mit einer Frequenz bis zu 30 Kilohertz (kHz). Die gesamte öffentlich Stromversorgung liegt im niederfrequenten Bereich.

Ordungszustand Der ursprünglichen geometrischen Struktur und Schwingung entsprechender Zustand. Bezogen auf diese Gesamtheit unseres Organismus bezeichnet Ordungszustand auch die perfekte Kräftebalance, aus der Gesundheit resultiert.

organisch In der Chemie der Bereich, in dem es um kohlenstoffhaltige Verbindungen geht. Der Begriff *organisch* bezeichnet allgemein jedoch auch Belebtes und alles, was sich auf einen lebenden Organismus bezieht. Im übertragenen Sinne kann organisch auch „harmonisch" oder „im Einklang" heißen.

Organometrie Jedes biologische System besitzt bezüglich Anpassung und Abwehrreaktion auf die geänderte Umgebungssituation einen ausgeklügelten und feinen Regulationsmechanismus. Die Organometrie ist in der Lage, die Veränderungen durch Begutachtung der Meridiankreisdiagramme wie auch durch Abschätzung des dynamischen Abweichungsfaktors festzustellen.

Osmose Übertritt von Flüssigkeit aus einer Zelle in die andere; Basis des Zellstoffwechsels. Gesteuert durch die Salzkonzentration in der Zelle: Wasser kann Zellwände durchdringen und strebt immer dorthin, wo die Salzkonzentration höher ist, um die Konzentration auszugleichen.

Ozonierung Behandlung mit Ozon, z.B. um bei der Wasseraufbereitung Keime abzutöten. Ozon ist ein sehr instabiles und reaktionsfreudiges Gas, das im chemischen Aufbau dem Sauerstoff ähnelt, aber im Gegensatz zum Sauerstoff (O_3) aus drei Sauerstoffatomen (O_3) besteht.

Pasteurisieren Kurzzeitiges Erhitzen empfindlicher Flüssigkeiten, etwa der Kuhmilch, zum Abtöten von Bakterien. Pasteurisierte Milch ist länger haltbar. In Deutschland dürfen Milch- und Milchprodukte mit wenigen Ausnahmen nur nach Erhitzen verkauft werden. Der Pasteurisierungsvorgang zerstört die biophysikalische Struktur der Milch.

Peloid Natürlich rekristallisierter Mineralschlick. Kristallsolepeloid besteht aus mikronisiertem Mineralschlick, der mit kristalliner Sole versetzt wird. Findet besonders Einsatz bei der Behandlung von Hauterkrankungen und rheumatischen Beschwerden.

Peripherie Rand, Außenbereich.

Pestizid Chemisches Pflanzenschutzmittel.

Photon(en) Lichtteilchen. Licht kann als elektromagnetische Strahlung, aber auch als Anhäufung winzigster Elementarteilchen beschrieben werden. Die Mengeneinheit der Photonen sind (Licht-)Quanten.

Piezoelektrizität Durch Druck oder Dehnung erzeugte elektrische Spannung, die sich vor allem an bestimmten Kristallen nachweisen lässt. Der Name stammt vom griech. Wort piezein für „drücken"oder „pressen".

Platonische Körper Begriff aus der Geometrie. Bezeichnet dreidimensionale Körper mit mehreren Flächen, bei denen alle Flächen deckungsgleiche Vielecke sind (vgl. Abbildung S. 28f.). Es gibt fünf platonische Körper, deren Namen sich jeweils von der Zahl ihrer Flächen ableiten: Tetraeder (vier gleichseitige Dreiecke), Hexaeder/Würfel (sechs Quadrate), Oktaeder (acht gleichseitige Dreiecke), Dodekaeder (zwölf regelmäßige Fünfecke) und Ikosaeder (20 gleichseitige Dreiecke).

Polarität/polar Gegensatz zwischen zwei Polen, etwa solchen mit positiver und negativer Ladung. Im übertragenen Sinne auch Gegensätze wie „gut" und

„schlecht", „ja" oder „nein". Polares Denken ist Schwarz-Weiß-Denken, das keine ganzheitliche, versöhnliche Sicht zulässt.

raffiniert physikalische oder chemische Veränderung von Rohstoffen; lebensmitteltechnisch bedeutet raffinieren, dass Bestandteile entfernt werden, um die Lebensmittel haltbar zu machen. Dadurch büßen die behandelten Nahrungsmittel aber ihre ganzheitliche Struktur ein und damit ihre Lebendigkeit. Raffinierte Lebensmittel sind denaturierte Lebensmittel

Resonanz Bezeichnung für „Mitschwingen"; physikalisch betrachtet kommt es zur Resonanz, wenn zwei Systeme im gleichen Frequenzbereich schwingen. Resonante, also gleich schwingende Wellenlängen erzeugen beim Aufeinandertreffen Ordung. Treffen ungleich schwingende Wellen aufeinander, entsteht Dissonanz oder Chaos.

Säure-Basen-Haushalt Damit unser Stoffwechsel funktioniert, muss ein bestimmtes Gleichgewicht zwischen Säuren und Basen aufrechterhalten werden. Eine Übersäuerung des Organismus hat unangenehme, im Extremfall tödliche Folgen. Die Säure-Basen-Balance sichert unser Körper durch ein kompliziertes, fein abgestimmtes Regelsystem. Es kann unter anderem durch die Nahrung beeinflusst wer-den: Man unterscheidet säurebildende und basenbildende Nahrungsmittel. (Siehe auch hintere Innenklappe).

Schwingungsmuster Das gleichmäßige Muster elektromagnetischer Wellen innerhalb eines bestimmten Zeitraums. Wird auch als Frequenz bezeichnet.

Segmentardiagnostik Messung biologisch aktiver Zonen mit konstantem elektrischen Strom negativer und positiver Polarität (11 uA, 1,24 V), mit an-schließender Reizung der biologisch aktiven Zonen durch elektrische Impulse in den Folgefrequenzen von 13 bis 30 Hertz. Die funktionelle Segmentardiagnostik dient zur Ableitung der funktionellen Zusammenhänge zwischen den Organen des menschlichen Organismus und ihrer Versorgung über die Nerven. Die Ergebnisse werden in Form einer Integral- und einer Differenzialdiagnostik interpretiert.

Sole Wasser-Salz-Lösung. Die Wortwurzel sol ist lateinisch für „Salz"; bedeutet aber auch „Sonne".

Späleotherapie Aufenthalt in Höhlen oder (Salz-) Stollen zu therapeutischen Zwecken, etwa bei Atemwegserkrankungen.

Steinsalz Ursprüngliches Salz, das noch nicht in die kristalline Phase übergegangen ist. Die im Steinsalz enthaltenen Mineralien sind zu grobstofflich, als dass sie von der Zelle aufgenommen werden könnten.

Symptom Beschreibbares Anzeichen einer Erkrankung. Symptome sind Wegweiser, die zum Ursprung der Krankheit führen.

synthetisch Nicht natürlichen Ursprungs, sondern von Menschen hergestellt.

toxisch Giftig

Wasserstoffbrücken Durch Wasserstoffatome gebildete Verbindung zwischen Molekülen /Haufenmoleküle = Cluster.

Wellenlänge Grundsätzlich der Abstand von einem Wellengipfel zum nächsten. In der Elektrizität beschreibt die Wellenlänge oder Frequenz das spezielle Schwingungsmuster des fließenden Stroms.

zentrifugal „Von der Mitte weg", beschreibt eine – spiralige – Bewegung von innen nach außen.

zentripetal „Zur Mitte hin"; beschreibt eine – spiralige – Bewegung von außen nach innen.

Sach- und Personenregister

N

O

P

Q

R